觀葉植物
多肉植物
空氣鳳梨

從種植到擺飾！

打造觀葉生活

從最後面開始順時針往前，
依序為斑葉合果芋、貝信麒
麟錦、鏡面草。

PROLOGUE

最近愈來愈多人利用在家的閒暇時間種植觀葉植物。
為房間增添綠意的同時，還能營造出舒服的氛圍，
彷彿心情跟空氣都受到淨化般。
這就是植物獨有的治癒能力。
不少人會心想「照顧植物很辛苦」、「種沒多久就會枯萎」，
因而遲遲不敢添購植物。
本書將介紹各種可輕鬆栽培的觀葉植物、多肉植物
及空氣鳳梨，從大型到小型的尺寸都有。
並且詳細統整裝飾和養護方法，解答各種疑難雜症。
植物具有生命，照顧良好就會抽出新芽或開花。
其變化肉眼可見，每天都會有新的發現。
閱讀本書後，可以試著挑「一盆」喜歡的植物，
展開專屬於你的「觀葉生活」！

從種植到擺飾
打造觀葉生活
CONTENTS

CHAPTER 1
植物系咖啡廳＆植物愛好者's Room

感受植物的魔力
療癒人心的植物系咖啡廳！

植物是生活夥伴
植栽愛好者的觀葉生活

CHAPTER 2
小型植物
以小小的自然風景豐富生活

CHAPTER 3 點綴空間、打造舒適感的 中型＆大型觀葉植物

本書中使用的園藝用語

噴霧
以噴霧器對植物的葉子噴水。

灼傷
因為陽光直射等因素，造成葉片變成咖啡色或黑色。

出錦（出藝）
植物的葉片、花朵等，出現與底色不同的色斑。

匍匐性
植物的莖與枝條會沿著地面生長、無法自行直立的性質。

鋪面
使用園藝資材，覆蓋於植物盆內土壤表面。

排水性
排除積水的能力或程度。

蓮座狀葉叢
植物葉片平鋪在地面上的狀態。

盤根
根系在盆器中伸展，沿著盆器內側纏繞。

爛根
根系腐爛。

滿盆
盆器中的根系已經生長到沒有伸展空間的狀態。

盆狀根系
植物脫盆時，根系與土壤聚集的部分。

樹皮
以紅松及黑松等松樹的樹皮乾燥後敲碎而成的資材。

培養土
栽培植物的土壤。

葉孵（葉插）
從多肉植物摘下葉片，使葉片發根的繁殖方式。

外盆
比置入植物的盆器（育苗軟盆）大一號的盆器，可覆蓋內盆。

盆底孔
盆底的孔洞，可提升土壤的排水及透氣性，並防止爛根。

盆底網
鋪在盆底的網子，可提昇土壤的排水及透氣性，並防止爛根。

株
植物數量的計算單位，或指稱一個植物體。

分枝
根莖的底部冒出複數根莖的狀態。

修剪
將過長的枝條與莖剪除，維持樹形。和剪除同義。

號
1號盆約為3㎝，盆器直徑即3㎝×號數。台灣多用「吋」，1吋約2.5㎝。

扦插
切下植株的一部分，使其發根的繁殖方法。樹木多以嫩枝扦插。

剪枝
維持植物造型，或是為助於植物生長而切除枝幹的作業。

耐陰性
在陽光較少的地點也能生長的性質。

耐寒性
可耐0度以下低溫的性質。

耐暑性
可耐夜晚25度以上高溫的性質。

蔓性
莖較細軟，會纏繞在其他植物上，或是變成藤蔓的性質。

注意事項

※書中的觀葉植物小型尺寸為2.5～5號盆，中型為6～7號盆，大型則是8～10號盆。考慮到個體差異及高度，上述尺寸僅供參考。

※即使是同品種的觀葉植物，也會有不同的尺寸。例如：小型尺寸的「姬龜背」和中型尺寸的「龜背芋」就是不同大小的同品種植物。

CHAPTER 1

享受綠意，裝飾品味

植物系咖啡廳&植物愛好者's Room

立即活用！
室內綠植的
裝飾靈感

看看大家的觀葉生活！

有植物的生活是什麼樣的感覺呢？具體來說，要如何呈現時髦的擺設呢？
首先，要向大家介紹三間綠意環繞的咖啡廳。
即使家中沒有綠植，也能在這裡輕鬆感受到植物帶來的舒適氛圍。
接著，本章將分享植物愛好者的觀葉日常，一窺實際與植物生活的樣貌。
包括空間配置的巧思及植物的養護方式等，本章收錄了滿滿的種植樂趣及技巧。

感受植物的魔力

療癒人心的植物系咖啡廳！

身處植物系咖啡廳，可以享受在花朵及綠意的環繞下悠閒地品茶。接下來介紹的三間咖啡廳，都能讓人輕鬆體會到綠意空間的舒適感。家中若無法實現，不妨走進這些咖啡廳吧！

溫室內一角放置著養護時用的掛架，上面掛著平時掛於天花板上的盆栽，可以藉機近距離觀察吊掛植栽喔！

SHOP DATA

HANA・BIYORI館

位於新潮植物園「HANA・BIYORI」內的溫室。緊鄰讀賣樂園，是個可以親近自然環境的景點，開幕於2020年春天。

東京都稻城市矢野口4015-1
10:00～17:00、10:00～20:00（六、日、假日）※可能更動。
付費入園。詳情請見官方網站 044-966-8717
https://www.yomiuriland.com/hanabiyori/

CAFE #1

最受矚目的懸吊植栽！

HANA・BIYORI館

展示花朵的
傾斜角度
也特別講究！

1 傾斜盆栽來展示季節花朵的「壁面花壇」。因為會對植物造成負擔，所以當初在開園時有觀察情況，將傾斜角度調整至最佳狀態。 2 佇立於溫室正中央的美人樹（通稱：酒瓶木棉），是HANA・BIYORI館的代表樹。樹齡約400年，原產於巴拉圭。 3 平時充滿陽光的溫室轉暗，開始上演光雕秀。

1500㎡的溫室內掛滿了花朵盛開的懸吊植栽，在這裡還可以欣賞植物與數位技術融合的光雕投影等，各式各樣與花相關的最新展示。

充分享受鮮花和綠植帶來的療癒感與樂趣

綠意盎然的多摩丘陵上誕生了一座娛樂型植物園「HANA・BIYORI」，是老牌遊樂園「讀賣樂園」著手打造的新設施。通過每個角落都各有特色的庭園後，就會進到寬廣的溫室「HANA・BIYORI館」。輕盈的花香十分療癒人心，溫室中央的巨大美人樹看起來氣勢十足。

這裡有結合花卉與科技的光雕秀，以及能同時觀賞水族箱和綠植的咖啡廳等設施，無論是獨自前來，或是和朋友、小孩一同遊玩，都能玩得很開心。

在這樣充滿四季花朵的世界中，其管理植物的方式也很值得一看。

寬廣的空間裡，依靠自動灑水系統來進行澆水作業。裝飾於溫室牆壁等處的盆栽，每天都有管理部門的員工悉心照料。為了打造最適合植物生長的環境，園方也不斷嘗試各種照料方法。

在這裡，可以感受到植物都是被用心照顧的。

HANA・BIYORI館內的星巴克，招牌也是用真正的植物組成。在這裡購買食物及飲品後，可以在花朵及綠意環繞的用餐區享用。

1 喝著咖啡的同時，可以觀賞到來自沖繩約1200隻的海水魚在水族箱中悠游的景緻，如寶石般五彩繽紛。2 水族箱前的特別座，散發著植栽與水世界融合的空間氛圍。

連玻璃桌面下都有綠色植栽，隨處可見能應用於居家布置的植物搭配技巧。每週都會更換單支的插花，為景色帶來變化。

3 咖啡廳的座位區會隨著聖誕節、萬聖節等節慶和季節，更換應景的裝飾。例如：春天的櫻花裝飾。4 四季都能有不同發現的展示空間。

植物、熱帶魚、花園……

找個喜歡的位置坐下，

享受被大自然環繞的氛圍吧！

1 種植在用餐區中心的鵝掌藤，產於八丈島。天花板的盆栽之間會灑下舒心的陽光，水流聲也十分療癒人心。 2 南側的屋內景觀座位區可以眺望到「四季之庭」。這裡的桌椅是以颱風時的倒木製成，對於資源永續利用也有貢獻。

SORAYA所在的建築物「YANE」之中，匯集了攝影工作室、技藝工房、室內設計公司等，各種不同領域的專家。

1 這棟建築物原本是一個展示空間。陽光自5.3m高的挑高天花板灑落而下，上頭還掛著工業風格的吊燈及懸掛綠植。 2 盆栽商店「MICAN」負責咖啡廳入口處及店內的植栽養護工作，也可以至商店內購買植物。

CAFE #2

受家庭客層歡迎的無障礙咖啡廳

SORAYA

SHOP DATA

SORAYA

綠意盎然的咖啡廳「SORAYA」，位於東京的門前仲町。其與附設的植栽商店「MICAN」合作，店內擺滿了豐富的觀葉植物。

東京都江東区富岡2-4-4 田辺コーポ1F

11:00～21:00(一、六、假日前一日)、11:00～19:00(日、假日)

03-6458-5665　https://yane.site/shop/soraya/

藉由植物的魅力及能量舒緩心情

於2017年開幕的咖啡廳「SORAYA」，利用挑高的天花板，將室內空間打造成森林般的植物園，是在當地非常受歡迎的店家。店內的裝潢及家具都是由店長谷脇周平先生及夥伴們親手完成，看起來時髦的同時，又讓人心情放鬆。

關於這間店的魅力，谷脇先生分析：「可能是因為下町特有的溫暖氛圍加上綠植的效果吧！」

在咖啡廳入口旁販售植物並負責店內植物養護的「MICAN」店長細金正寛先生，和谷脇先生因工作結緣，有著將近20年的老交情。據說谷脇先生正是因此才開始想開一間充滿植物、可以療癒所有人的咖啡廳。

為了讓植物維持在最佳狀態，必須每天盡可能地調整店內的溫度及濕度等。谷脇先生表示：「或許是管理上很辛苦，至今很少人想開一間擺滿植物的咖啡廳。不過，能讓客人感受到植物的魅力及治癒力，是件令人開心的事。」

店內最受歡迎的座位在樹屋底下。其以大型漂流木裝飾成大樹的模樣，並設於挑高天花板附近。

店內的大桌上擺放著裝飾用的小盆栽；深處設有長椅及抱枕，是可以放鬆的座位。屏風側的書架上展示了許多設計相關的書籍。

1「MICAN」交界的櫃檯底下，可以和朋友悠閒地聊天，一不注意就會忘記時間的流逝。2 上層是有著時尚沙發的閣樓雅座，下層則是可以遍覽咖啡廳前植物的特別座。3 二樓的家具工作室玻璃窗，採用精心設計的分割方式。其手工及骨董家具，在室內設計愛好者之間也頗受好評。

3

2

1

以精心挑選的植物，溫柔地款待每位訪客的身心。

懸掛的黃金葛是葉片帶有光澤的「綠葉黃金葛」品種。鬆軟的松蘿中透出柔和的光線。

1 大桌上擺設著具有季節感的盆栽、花瓶和漂流木。可以一邊用餐，一邊觀賞眼前的植物。 2 以乾燥花及乾燥樹果組合的小型裝飾，包含容器都可以成為居家布置的參考。 3 龍爪柳的樹形相當獨特，從冒出的新芽可以感受到其蓬勃的生命力。

CAFE #3

充滿間適感的 隱藏版大人咖啡廳

ROUTE BOOKS

距離熱鬧的上野車站只有5分鐘的路程，就會來到這片安靜的街區。轉入小巷中，魄力十足的植栽便馬上映入眼簾，彷彿來到南方國度。

咖啡廳入口也放置著各式各樣的植物，讓原本就是工廠的建築物更有工業風氣息。

咖啡廳對面的商店也有在販售觀葉植物。結合了工作坊、咖啡廳、商店及麵包坊，打造出「ROUTE BOOKS村」氛圍。

SHOP DATA

ROUTE BOOKS

結合了書店與咖啡廳的複合式店家，販售一般書店找不到的獨特書籍。可以在書香及綠意的環繞中，享受美味的咖啡。

東京都台東区東上野4-14-3　Route Common 1F
12:00～19:00　03-5830-2666
https://route-books.com/

舒適的沙發和古董座椅，以及隨處擺放的植物，
令人不禁沉浸於邊喝咖啡邊閱讀的美好時光。

與室內風格契合、生氣蓬勃的植物

走出上野車站，馬上就能感受到下町氛圍，ROUTE BOOKS就位在這片區域裡。店長丸野信次郎先生希望重現故鄉奄美大島的景色，便在入口周邊放置了許多相似的植物，入店之前就能好好地觀賞一番。

丸野先生表示：「我喜歡比較有個性的草木，所以會特別交代員工們不要買太過筆直的植物回來。」店內的植物確實都枝幹歪曲、自由伸展，充滿獨特的個性，讓人百看不厭。

丸野先生還會用充滿愛的語氣稱呼這些植物為「瘋狂的傢伙們」，其中包括需要五個人才能抬起的巨大仙人掌及特大龍舌蘭等。願意把這些植物帶回來養的人，某方面而言也是瘋狂的人呢！

每株植物都有各自的故事，並飽含店長滿溢的愛……看著這些植物，一邊享受著香氣十足的咖啡，會讓人想一直坐下去，是個十分療癒人心的空間。

猶如於林中閱讀、令人身心放鬆的城市綠洲。

1 菜單上有以嚴選咖啡豆沖泡的兩種咖啡，以及適合搭配咖啡的手工糕點，還有啤酒。在書籍和綠意的環繞中，讓人想悠閒地度過。2 一樓是咖啡廳兼書店，二樓則是活動空間，共兩層。放置於一樓中央的舊鋼琴是常客贈送的禮物，不時用於現場演奏。

3 窗內、窗外都有巨大的仙人掌。在散發著南國風情的一角，可以恣意地觀賞植栽。4 咖啡廳入口處掛著簡單的黃金葛。5 店內的花草樹木及樓梯邊的小仙人掌等，只要有標價，都可以購買。

二樓的工業風格，可以看出以前是作為工廠使用。添加植物後，增加了些許柔和的氛圍。這裡可以舉辦陶藝教室或現場演唱等活動，供餐需事先預約。

1 馬拉巴栗及闊葉榕等常見的觀葉植物，都有符合店長喜好的彎曲枝幹，看起來特別新奇。2 店內的植物有專門的店員每週照看，負責澆水、修剪等。植物能維持活力十足的樣子，正是因為店員的細心照料。

植物是生活夥伴

植栽愛好者的觀葉生活

本篇開始將介紹一些喜歡植物的Instagramer。每天被綠意包圍，只是用眼睛看就會覺得很幸福。一起來詳細聽聽如何與植物相處及生活吧！

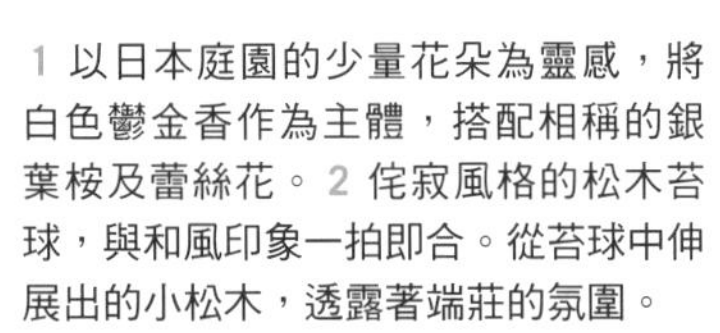

1 以日本庭園的少量花朵為靈感，將白色鬱金香作為主體，搭配相稱的銀葉桉及蕾絲花。2 侘寂風格的松木苔球，與和風印象一拍即合。從苔球中伸展出的小松木，透露著端莊的氛圍。

廚房檯面上的茶道器具旁，常備著用來裝飾日式料理的南天竹葉及果實，兼具實用性及季節布置的功能。

深入瞭解植物的特性，配合其步調進行養護

MON-小姐從小就在綠意環繞下成長，挑選住家的時候，也為了植物的生長環境，選擇採光充足、通風良好的房子。寬廣客廳中日照充足的角落，可見放滿了大大小小的觀葉植物，看起來生意盎然，就像森林般茂密。

詢問MON-小姐管理這麼多植物是不是很辛苦時，得到了令人意外的回答。MON-小姐表示：「我只會添置自己能夠管理的數量。照顧方法就像和朋友往來一樣，不用緊黏著對方也沒關係。偶爾覺得很累的時候，也會就這樣放著不管哦！」

MON-小姐在和植物長期相處中，學會了一件重要的事：照顧植物時保持恰到好處的距離即可，不需要太過關照。

「最重要的是，必須瞭解各種植物的個性。因為根據植物的種類及盆栽尺寸，需要維護的間隔時間也不同。」

以適合對方（植物）的方式與之相處，就是MON-小姐讓植物精神飽滿的祕訣。

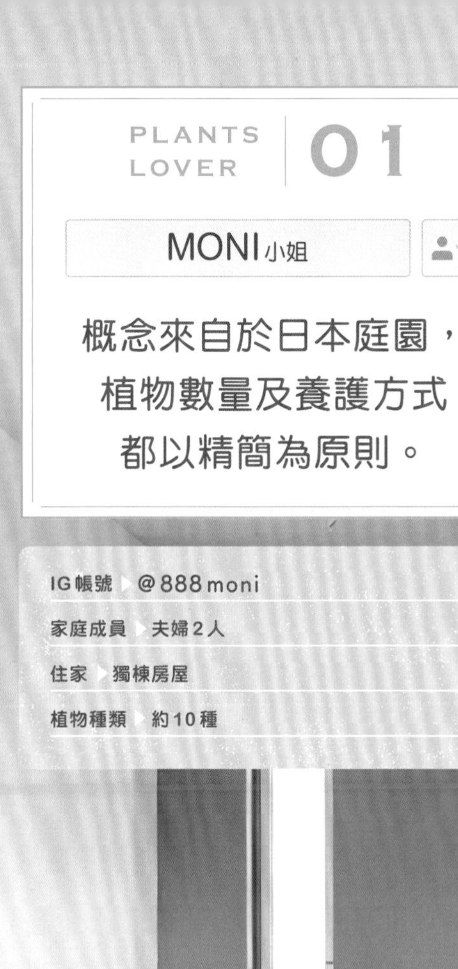

PLANTS LOVER 01

MONI小姐

概念來自於日本庭園，植物數量及養護方式都以精簡為原則。

IG帳號 ▶ @888moni

家庭成員 ▶ 夫婦2人

住家 ▶ 獨棟房屋

植物種類 ▶ 約10種

正榕飽含著種植者「可以在樹下看書、休息」的希望，枝葉自由舒展，讓人幾乎忘記置身於家中。

餐廳及桌面周邊都可以妝點綠意。

1 MONI小姐喜歡做料理和品嚐美食，廚房中也裝飾著花朵。色澤漂亮的陸蓮，讓心情都變得開朗起來。2 葉片渾圓小巧的尤加利，可以當作天然的芳香劑。和小碟子跟小抽屜擺在一起，還能營造出舒服的氣氛。3 冰箱上方的喜悅黃金葛，在幾乎曬不到太陽的地方也生意盎然，是在陰暗處也很好照顧的超級資優生。4 客廳邊櫃上的馬醉木切枝。「只要將樹枝插入花瓶中，就能輕鬆享受植栽樂趣。對於正在猶豫要不要購買植物的人來說，應該滿好入手的。」

我的
綠植守則

抱持適當的距離感，不要過度照顧！

1 施加液態肥料時，可以將其稀釋，倒入能看清楚容量的2ℓ寶特瓶中。使用方便，不需要準備特殊工具。2 利用葉片顏色濃郁的正榕、小豆樹及出錦的斑葉垂榕在家中製造陰影，並以齒葉藍星蕨作為地被植物，達到高低差的效果。

MONI小姐的

私心首選

正榕

待在這棵樹旁邊，心情就像是在戶外般放鬆。

齒葉藍星蕨

帶點銀色的綠很特別，還有捲捲的可愛葉片。

黃金葛

不管放在哪裡都生氣勃勃，就像值得信賴的好朋友。

高麗菜絲小姐夫妻兩人於26年前結婚時，就開始種植植物。丈夫婚前種植的馬拉巴栗現在也還健在，一直默默地守護著家庭、一起成長。

PLANTS LOVER 02

高麗菜絲小姐

接觸植物及土壤，讓一天充滿能量。

- IG帳號 ▶ @ kyabetsunosengiri
- 家庭成員 ▶ 夫婦＋2個小孩
- 住家 ▶ 獨棟房屋
- 植物種類 ▶ 約150種

我的綠植守則

加濕器、循環扇、植物生長燈，都是觀葉生活的良伴♪

走進玄關，馬上就會看到銅錢草的室內生態池。而旁邊的矮櫃和屏風都是自己手工完成的。

購入一盆新植栽，靈感便隨之而來

高麗菜絲小姐的家充滿老宅風情，有著矽藻土牆、屋樑裸露的天花板以及實木地板。不論在窗邊、天花板，還是樓梯台階上，都能看到她精心安排的點點綠意。

「雖然家中的植物愈長愈大，但看了別人的IG後，又忍不住想買下一盆。每增加一個盆栽，我就會重新布置房間到自己滿意為止。這個習慣既是煩惱，也是樂趣之一。」

高麗菜絲小姐擅長自製家具和修剪植物，添置盆栽更能激發她的創作慾。對她而言，布置房間和照顧眾多植物並非苦差事，反而會帶來源源不絕的動力。看到高麗菜絲小姐活力十足的樣子，就知道又有創意滿點的綠色角落要誕生了！

從愛心榕、腎蕨到鱷魚皮星蕨等，客廳掛滿了懸吊類植物，就像誤入叢林般。

高麗菜絲小姐的私心首選

龜背芋

充滿魅力的巨大葉片。可以曬太陽，也耐陰暗環境。

袋鼠蕨

充滿光澤的葉片看起來精神飽滿，也很耐乾燥。

黃金葛

種類多樣、長相各異，怎麼看都不會膩。

高麗菜絲小姐享受植栽樂趣的方法

1 廚房旁邊的牆上掛著觀葉植物框。都是一些別人贈送的分株，正以混植的形式培養。2 在古董籐籃中放進幾個小盆栽，進行「組合搭配」。3 筆直的水筆仔底下有白雲山魚在悠游，是個療癒的水栽瓶。

「懸掛的蔓性植物在日照下，葉片看起來會閃閃發亮。」搭配玻璃飾品和古董吊燈等，會更加地熠熠生輝。

PLANTS LOVER 03

NAOKO小姐 

中庭與客廳合而為一，與綠植共同生活。

IG帳號 ▶ @torimakiflower_mama
家庭成員 ▶ 夫婦2人
住家 ▶ 獨棟房屋
植物種類 ▶ 約120種

打開廚房前的窗戶，就能看見中庭的代表樹——大柄冬青。藉由綠植連結屋內與屋外，實現被自然包圍的生活樣貌。

打造充滿負離子、讓人身心放鬆的家

NAOKO小姐從五年前開始對觀葉植物產生興趣，契機是因為蓋了一棟有中庭的房子。

「因為想打造一個充滿負離子、讓人身心放鬆的家，就開始添置植物了。」

生活中加入綠植後，室內布置也多了點都會時尚的感覺。

雖然現在每株植物看起來都養得很好，但NAOKO小姐說也曾有種不活的時候。

「植物枯萎了也不要氣餒，下次再注意如何照顧才不會枯萎，並認真找找家中哪裡才是對植物而言最舒適的地方就好。」

順利養育植物的祕訣就是不要害怕失敗、以豁達的態度應對。

均匀配置懸吊及落地盆栽，讓上、下都有植物，就像被綠意包覆其中。

我的綠植守則

植物枯萎了也別氣餒！將失敗經驗活用於下次栽培中。

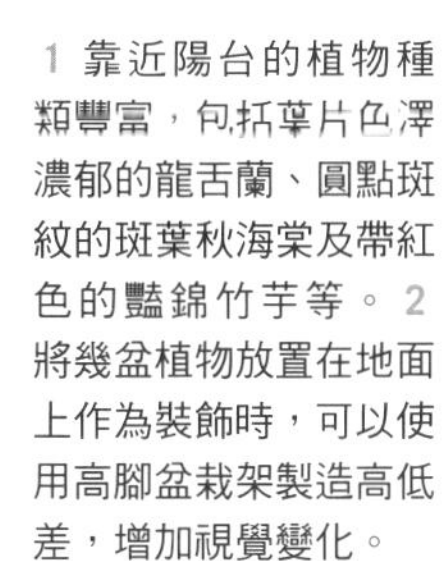

1 靠近陽台的植物種類豐富，包括葉片色澤濃郁的龍舌蘭、圓點斑紋的斑葉秋海棠及帶紅色的豔錦竹芋等。 2 將幾盆植物放置在地面上作為裝飾時，可以使用高腳盆栽架製造高低差，增加視覺變化。

2

1

NAOKO小姐的私心首選

青蘋果竹芋

葉片的質感令人陶醉。需要換到透氣性、保水性、排水性都很高的土壤中種植。

斑紋口紅花

葉片背面有美麗的紫色花紋，陽光照射時花紋會透出葉片，非常漂亮。

錦葉葡萄

葉片為細長的心形，表面有銀白色斑紋，背面則呈現獨特的紫色，無論看多久都不會厭倦。

2

1

1 我喜歡用植物來填補房間內的空白。例如在房間內很有存在感的龜背芋，還有懸掛在天花板的黃金葛等。所見之處都能看見綠意。 2 裝飾方法的重點在於，相鄰的植物之間要有高低差。「用來製造高度的木製邊桌等，在布置方面來說也很適合和植物搭配。」

PLANTS LOVER 04

MIKKO小姐

彷彿滿房的植物都在迎接你回家的療癒一室。

IG帳號 ▶ @kokimi_home

家庭成員 ▶ 獨居

住家 ▶ 公寓（套房）

植物種類 ▶ 約30種

小空間內塞滿了寶物

「每當結束工作、疲累地回到家時，只要看到房間內的植物，就會覺得被治癒了。」

MIKKO小姐一直很憧憬有植物相伴的生活，開始實行後就完全為之著迷，現在甚至每天都會為了澆水而早起。工作結束後在植物的包圍中喝的啤酒，似乎也特別好喝。

這間約4坪、四面水泥牆的朝西小套房，乍看之下會覺得難以培育植物，然而植物們其實長得非常茂盛。

「植物依擺放位置，有其不同

照料植物的工具只有精挑細選的少數幾樣。由設計洗鍊的噴瓶噴出的細緻噴霧，可以滿足葉片的需求。

改造前

改造前的房間還有些許空隙沒有填滿。從數個月前到現在，變成了森林般的狀態。「因為這個時期，我還在尋找適合懸掛的植物。」

我的綠植守則

裝飾技巧在於從正面看不要重疊、左右要有高低差，並且善用空白的地方。

觀賞方式，可以一直維持新鮮感。這也是我喜歡植物的原因。」雖然能布置的數量有限，但透過植物種類及擺放位置的選擇及品味，加上水泥牆的襯托，也能將這裡改造成一個溫馨的空間。

MIKKO小姐的私心首選

捲葉榕

葉子捲捲的，看起來高級又華麗，猶如女明星。特別喜歡這種氣質。

袋鼠蕨

外觀看起來像袋鼠的腳，為房間增添了叢林感。

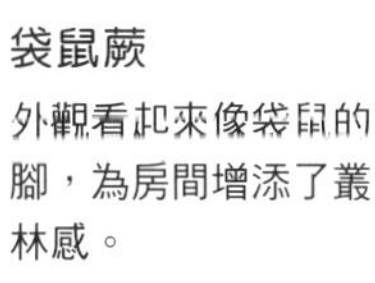

喜悅黃金葛

出錦的小葉片非常可愛！不但成長速度快，而且水栽就可以繁殖，這點讓人覺得種得很開心。

附生在椰子殼上的鹿角蕨，養大了之後會懸掛到沙發旁的漂流木上。

PLANTS LOVER 05

NOAKO7小姐

利用留白與照明營造出靜謐感的和洋混搭風。

IG帳號 @noako7

家庭成員 夫婦＋1個孩子

住家 公寓

植物種類 約14種

利用植物打造清爽的居住空間

建築師NOAKO7小姐自家住宅的客廳鋪設著榻榻米，打造成映照著植物剪影的現代和風空間。NOAKO7小姐因工作之故離開老家時，母親給了她植物。從那時開始，NOAKO7小姐就一直有栽種植物的習慣。「之前有種在室外，但是後來發現將植物放在室內，家中的空氣會變得更清爽。」自此，綠植就成為了家中布置的一環。

NOAKO7小姐的孩子從嬰兒時期就很常接觸植物，不會做出撕碎葉片等惡作劇行為，反而還會幫忙澆水。

看來從媽媽傳到NOAKO7小姐的綠拇指，會繼續傳遞給下一代呢！

1 以榻榻米鋪設的縱長型客廳中，用帶有高度的馬拉巴栗和具有份量感的腎蕨，來增加擺設上的層次感，盆器則選擇日式風格。2 委託日本畫畫家東端哉子繪製植物圖樣的隔扇畫，並掛上和紙製成的動態平衡吊飾，和真正的植物自然地融合。3 障子門和植物相得益彰，搭配葉片舒展的小豆樹和垂墜的黃金葛，看起來猶如一幅日本畫。

1 透過藍色磨砂玻璃照射進來的光線特別柔和。植物的逆光剪影帶點奇幻的感覺，其中還點綴著火鶴花和紅色的金魚。2 水泥質感的展示區以綠植裝飾後，整體透露出溫柔的氛圍，讓松蘿和五葉地錦等配角也得以發揮光芒。

我的綠植守則

植物在陽光照射下非常漂亮，所以要放在明亮的窗邊。

NOAKO7小姐的私心首選

腎蕨

培養中，期待變成漂亮的形狀。外出時，腎蕨類是最令人擔心是否缺水的植物。

馬拉巴栗

象徵樹般的存在。葉片顏色濃綠，可以令客廳增添沉穩內斂的氛圍。

鐵線蕨

掌握照顧的訣竅，就能令其蓬勃成長，很令人開心！

專家怎麼說！

利用室內綠植創造舒適空間的方法

如何裝飾出好品味呢？植物和居家布置又是如何相輔相成的？就讓花藝兼綠植設計師SATO小姐教我們一些技巧吧！

1

2

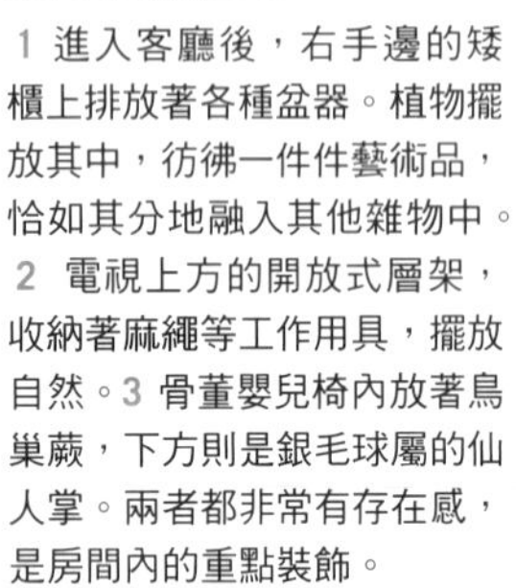

3

1 進入客廳後，右手邊的矮櫃上排放著各種盆器。植物擺放其中，彷彿一件件藝術品，恰如其分地融入其他雜物中。2 電視上方的開放式層架，收納著麻繩等工作用具，擺放自然。3 骨董嬰兒椅內放著鳥巢蕨，下方則是銀毛球屬的仙人掌。兩者都非常有存在感，是房間內的重點裝飾。

懸掛於窗邊照光的白粉藤及絲葦，隨風搖擺或靜止，充滿律動感，讓人彷彿置身於大自然中。

Sato Yumiko小姐

花藝兼綠植設計師，「green & knot」的管理人。工作內容是教授切花及植物栽種方法等，並提供庭園及企業綠植相關的諮詢。在家中舉辦的花藝課程及草花配送服務也很受歡迎。

Instagram
https://www.instagram.com/yumikosatooo/

植物及居家布置相輔相成的條件

想要妝點一個舒適的空間，首先要選擇自己喜歡且想種植的植物。將其當作布置的一部分，用心地擺放，就能展現出好品味。

「第一步先拉開距離，觀察屋內整體的空間感。思考擺放位置時，要考慮到植物的份量。將植物集中在空間的某個角落，布置幾個重點處，會比讓植物四散在房間內更有品味。」

至於植物的種類，無論是小型或是珍奇品種，重點要以居家布置的視角進行挑選。

「利用植物本身的垂墜性質或植株大小與高低平衡等問題，就能讓空間因為綠植布置變得更加亮眼。與其煩惱要選擇哪種植物，不如想想應該如何布置，在看法上就會有很大的轉變。」

藉由觸摸與植栽對話

SATO小姐將白粉藤懸掛在家中客廳正中央偏低的位置，表示：「像這樣故意放在有點礙事的位置，當身體碰到或是眼睛看到的時候，可以比較容易和植物進行對話。培養植物時，最重要的是和植物溝通。仔細觀察就能發現，放在這裡是否合適、是否澆太多水，並能即早應對。」

SATO小姐之所以會發現植物放在顯眼位置的好處，起因是女兒的一句話。SATO小姐過去因為工作的關係，將大型觀葉植物的盆栽放在房間正中間，某天想著要將其移至角落時，女兒卻說：「放在這裡就好了，這樣才有和植物一起生活的感覺。」

「和植物一起生活時，能貼身感受到自然的運行，這也是室內植栽的價值所在。和植物的接觸時間愈長，就愈能瞭解自己的家和自然到底適不適合。」

\ Sato Yumiko小姐 /

讓房間看起來更時髦的技巧 5

只要在布置植物上花點巧思，就能讓空間氛圍為之一變。
每個方法都很簡單，還能輕鬆照顧植物，務必嘗試看看！

懸掛

藉由視線抬高，可以達到如同在家中放置高大植物的效果。將購買時附贈的塑膠掛勾換成鐵絲，會讓整體外觀更好看。

直接沿用塑膠盆器

整株移到陶盆中種植的話，移植或移動時都不太方便，可以直接將塑膠盆放進陶盆裡。這樣一來，想要改變風格時只要更換外盆就好，也便於將植物移到屋外照顧。特別是懸掛在窗邊時，因為可能會撞到窗戶，所以要避免使用陶器或玻璃盆器。

集中擺放

將散落在家中的綠植集中擺放，形成一片綠意。以布置觀點來說，可以給人較深刻的印象。容器可以選擇鋁或錫等輕盈的材質，方便拿到室外照顧，還可以直接澆水。

和沒有用到的盆器擺在一起

沒有用到的盆器和花器，也可以和植物擺在一起。花器靜靜地擺放在固定位置，即使沒有放入植物，也會構成一幅獨特的畫面。

放入玻璃容器中裝飾

盆栽放進玻璃容器中，就能輕鬆打造出生態瓶般的氛圍。花瓶大多是玻璃製，建議可以試試看不同形狀的花瓶。澆水時不需要底盤，也是使用玻璃容器的優點之一。

CHAPTER 2

以小小的自然風景豐富生活

小型植物

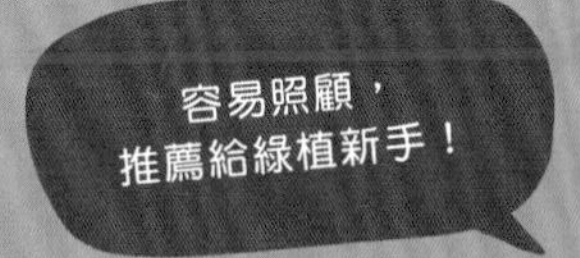

首先，挑一盆小夥伴吧！

以觀賞葉片為目的的植物，一般稱為「觀葉植物」。
觀葉植物大多原產於熱帶及亞熱帶，
因此適合養在便於管理溫度的室內。
本篇將介紹容易入手的小型觀葉植物、多肉植物及仙人掌，
還有被稱作空氣草的空氣鳳梨。
請各位試試看，對這小小的同居人澆灌愛情，並且用心地培育吧！

第一步

先從適合餐桌和書桌的巴掌大尺寸開始！

小型觀葉植物的盆栽種植

心動不如馬上行動！

說到觀葉植物，可能會先想到放在屋內窗邊的大型盆栽。不過，最近也很流行手掌尺寸的小盆栽。園藝店的店面有販售各式各樣的種類，多到讓人難以抉擇。

將小型觀葉植物放在桌上或邊櫃，既不占位子，還可以作為不錯的裝飾，是個很棒的存在。此外，因為小巧輕盈，便於移動到日曬處照顧。在家進行遠端工作，想放個盆栽時，也能輕易入手。

將植物移植到陶盆中，可以使用餐盤當作接水盤。外觀乾淨的陶器，最適合用在室內植栽。（由左前方開始，依序為酒瓶蘭、龍血樹、正榕）。

挑選的重點，在於放置的位置及培養方式。

雖然統稱為觀葉植物，其中還是有分為需要日照及不太需要日照的種類。還有，有耐寒或耐暑性的植物，就表示也有不耐寒、暑的種類。不同種類的植物，會有不同的特性。

想要省力又能養好植物，就不能只靠「外表」的喜好來挑選，而是應該挑選適合自身居住環境的植物。

市售的小型觀葉植物，盆栽中的土壤量都不多，不建議在這樣的狀態下長期培養。帶回家養一段時間後，就需要換到大一點的盆器裡。

移植時需要的土壤，可依植物性質自行混和調配。不過，對於新手來說，還是購買觀葉植物用的培養土比較方便。這種土的排水性佳，也能預防蟲害。

放在育苗軟盆中販售的盆栽，或是盆中已經有滿盆狀況的盆栽，都要馬上換盆。

多數觀葉植物的成長期都在5～7月。在這段時間購入的話，管理起來比較輕鬆，很少會有買回家就馬上枯萎的狀況。

嬰兒淚是只要控制好日照和澆水量，就會長得茂密又可愛的植物。葉片的顏色多樣，光是將不同色調的嬰兒淚擺在一起，就顯得既時髦又賞心悅目。

小而美！看點是葉片顏色及形狀！

小型觀葉植物目錄

本篇匯集了各種園藝店等處販賣的小型觀葉植物。
可以輕鬆地放在客廳及餐廳等一角觀賞，為平淡無奇的房間增添色彩。

#01

圓滾滾的小圓葉好可愛！

鏡面草

整年都要放在日照良好的環境中照顧。不過陽光直曬容易造成葉片灼傷，放在日曬強烈的窗邊時，可以隔著窗簾照光。待盆栽表土乾燥後2～3天再澆水即可，冬季時可待盆栽表土乾燥後7～10天再澆水。當空氣較乾燥時，可以用噴瓶對葉片噴霧，防止乾燥。

因為葉片形狀的關係，在日本又被稱作「煎餅草」。

古錢冷水花

特徵是薄荷般的葉片，有些花店會稱其為「蔓蝦蟆」。具匍匐性，會開出僅數毫米的小花。喜歡稍微照光的環境，可以放在室內中心較明亮的散光處，或是光線透過蕾絲窗簾的窗邊。不耐寒，但可放在室內過冬。5月下旬～9月下旬為其生長期，約3～5天就要澆1次大量的水。

玲瓏椒草

廣泛地生長於熱帶至亞熱帶地區，為種類繁多（約1000種）的椒草屬植物之一。曬到夏季的強光，會造成葉片灼傷，要避免強烈日曬，建議放在半日照的環境中。不耐寒，冬季可以放在明亮的窗邊，盡可能地照到陽光。冬季澆水時，要先確認盆栽土壤已經乾燥（P43的椒草屬植物也是）。

薜荔

整年都要擺放在明亮的環境中。日照不足會造成徒長，使可愛程度大打折扣。此外，陽光直曬也會造成葉片灼傷，夏季時隔著蕾絲窗簾接受日曬即可。直接吹到空調的風也會使葉片損傷，請避免放在風口處。春季至秋季時，盆中土壤乾了就要大量澆水，冬季以噴瓶噴霧補充水分即可。

日本白蠟樹

雖然喜歡明亮的環境，但是陽光直曬或是強烈西曬都會使葉片變色，請放在避開陽光直射的散光處。葉片顏色狀況不佳時，可以讓植株曬點太陽。冬季擔心溫差大或是結露時，可以從窗邊移置房間內。夏季時早晚各澆1次水，冬季則是等土壤乾燥的數天後再澆水即可。

#02 天然的美麗葉脈，簡直就是藝術品！

變葉木

整年都需要充分日曬，才能維持葉片的鮮豔色澤。春季到秋季時，盆栽表土快乾時就可澆水，夏季要注意不能讓土壤乾掉；冬季則是待盆內土壤乾燥後再澆水即可。變葉木喜歡濕度高的環境，可以多用噴瓶噴霧在葉片上，同時達到防葉蟎的效果。此外，也推薦用沾濕的毛巾來擦拭葉片，可以擦去葉片上的灰塵，讓葉片保持乾淨。

花葉冷水花

帶有金屬般的光澤，所以又稱為「鋁葉草」。綠色葉片稍微隆起、帶點光澤的樣子為其特徵。具耐陰性及耐寒性，但可以偶爾放在曬得到太陽的地方，能培養出健康的冷水花哦！春季到秋季時，盆栽表土乾燥就能澆水，並在葉片上噴霧，保持濕度。尤其是夏季時，要特別注意是否缺水。冬季則是待表土乾燥後2～3天再澆水即可。

嫣白蔓

整體帶有細碎的小斑點，外觀具有辨識度。在日本，還有個別名為「雀斑草」。放在日照充足或明亮空間的散光處就會長得很好。不喜歡陽光直曬，但是日照不足會造成徒長，葉片色澤狀況也會變差。夏季時，盆栽表土泛白、看起來變乾的時候，就能給予充足的水分；冬季則是等到盆內土壤全乾再澆水即可。可在偏乾燥的環境中培養。

合果芋

原產於熱帶地區，但是不耐陽光直曬，夏季的強烈日曬可能造成葉片灼傷枯萎。日曬較強的時期，可以放在半日照的環境。空調的風也是造成乾燥的原因之一，注意不要讓植株直接吹到風。春季到秋季時，水分吸收的速度會變快，土壤表面變乾時要充分澆水；冬季則是休眠期，澆水量要減少。

萬年青

葉片如竹葉，帶有光澤和美麗的直條紋！在明亮或半日照環境都會健康成長，但不耐陽光直曬和低溫。要避免放在空調直吹的位置，且務必等「盆栽表土乾了再澆水」。市面上會販售不帶葉片、只剩莖條的萬年青，商品名為「富貴竹」，是受歡迎的開運布置物。

網紋草

綠色的葉片上布滿清晰的網狀葉脈，所以稱作「網紋草」。請放置沒有陽光直曬的半日照環境，如明亮的空間的散光處培養。不耐寒，不過在人類能生活的房間內，基本上沒什麼問題。氣溫上升會生長得更加茂盛，因此夏季要一天澆1次水。空氣乾燥時，用噴瓶噴霧在葉片上就會看起來生意盎然囉。

冰雪網紋草

特色是葉片有微微的捲邊。

檸檬網紋草

很受歡迎的彩葉品種。

白脈椒草

特色為葉片上的條狀斑紋，是很受歡迎的裝飾綠植！喜歡半日照的環境，最適合放在明亮的室內。具有將水分儲存於葉片中的特性，注意不要給太多水。澆水訣竅是等土壤乾了之後，再一次給予充足的水分。氣溫5度以上可以越冬，放在室內照護就不用擔心寒冬的問題；若放在窗邊，就要特別注意清晨的低溫。當植株變大、開始出現盤根現象時，就要換盆了。

貝殼椒草

暗色的葉片帶有金屬光澤，中間還有條銀線。背面帶點酒紅色，可以欣賞到豐富的樣態。和白脈椒草同類，培育方式基本上相同。培養時維持土壤偏乾，務必等「土壤乾了再澆水」。盆內土壤未乾就澆水，可能造成葉片枯黃掉落。

纖細的葉片，蓬鬆又可愛！

嬰兒淚

許多細小的葉片聚集在一起，看起來就像嬰兒的眼淚，因此得名。過度日曬會使原本蓬鬆的外觀塌陷，半日照是比較理想的生長環境。等到土壤全乾再澆水會太遲，在土壤變乾前就要給予充足的水分。澆水時要使用細口澆水壺，注意避開葉片。因為葉片碰水後，水分蒸發會使葉片枯萎。

綠葉嬰兒淚

顏色比金葉品種更加濃綠，是目前市面上最流通的品種。

斑葉嬰兒淚

特徵是稍微捲邊的葉片。

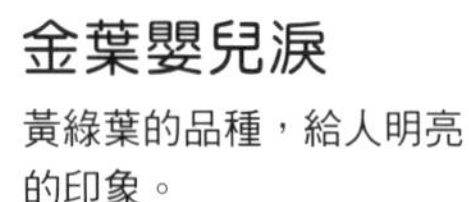

金葉嬰兒淚

黃綠葉的品種，給人明亮的印象。

卷柏

別名「翠雲草」。喜歡日曬，受到強烈的陽光照射會讓葉片稍微褪色。春季到夏季要放在通風良好的位置，冬季需隔著窗簾進行日曬。夏季要在表土完全變乾前補充水分，澆水時避開葉片，於氣溫還沒升高的上午澆水最適合；冬季要減少澆水量，但仍需注意是否太過乾燥或缺水。

兔腳蕨

不會開花，但蕾絲般的葉片非常優雅且強壯。喜歡通風良好的環境，也非常喜歡日照，給予充分的日曬就能長成茂密的植株。但是，受到強烈日照（如夏季陽光直曬），仍可能造成葉片灼傷，因此夏季時比較適合半日照環境。此外，務必保持通風、避免悶熱。雖然耐乾燥，但是土壤變乾時還是要給予大量的水分。

文竹

和食用的蘆筍同樣是天門冬屬。極耐乾燥，不喜歡濕氣，梅雨季節時要移到通風良好的位置。待盆內土壤乾燥時，再給予充足的水分即可。根系各處都會蓄積水分而膨脹，所以澆水前務必確認土壤已經乾燥。不過，極端的乾燥還是會造成葉片枯萎，在土壤容易乾燥的夏季時要特別注意。

鐵線蕨

不耐乾燥，切記要不間斷地澆水。春季到秋季要擺放在陽光不會直曬的散光處。空調的風直吹會造成葉片損傷，記得不要放在風口下。極度缺水會造成葉片枯萎，過度澆水則容易造成爛根。訣竅在於表土一乾燥，就要馬上給予充足的水分。葉片乾燥的話，就用噴霧補水。

#04

造型時髦的葉片，大幅提升室內時尚感！

密葉竹蕉

龍血樹的迷你版。基本上放置在隔著蕾絲窗簾的明亮散射光處即可。5～9月時，放在日照良好的位置，葉片的顏色會變得鮮明，葉片本身也會更加茁壯，但是要避免陽光直曬。盆內土壤乾燥時，就要給予大量的水分。冬季較寒冷的時候，根系不太會吸水，每個月澆水1～2次即可。這時期若澆太多水，可能會有爛根的狀況。

龜背芋

隨著成長，會從葉片邊緣開始出現裂口，長成獨特的樣貌。需放在明亮的空間中，但因為是原生於熱帶雨林的植物，陽光直曬仍會造成葉片灼傷。待盆內土壤乾燥，就可以給予大量的水分。大面積的葉片容易積灰塵，建議2～3天擦拭一次，維護美麗的葉片。枯萎的葉片可以從葉子的根部剪除，維持整體的美觀。

酒瓶蘭

別名「馬尾棕櫚」。耐乾、耐寒，容易照顧，很適合植栽新手。非常喜歡日照，日照不足的話葉片會失去光澤，其特徵酒瓶狀的主幹基部也會不太膨脹。此外，其莖幹具朝向明亮處彎曲的特性，需改變盆栽的方向，讓每一面平均照到陽光。春季到秋季時，可以放置在室外照顧。

主幹基部的膨脹處會儲存水分，所以不需要澆太多水。

火焰鳥巢蕨

捲曲的美麗葉片像是緩緩擺動的波浪，屬於蕨類植物的同伴。喜歡高溫多濕的半日照環境，不耐陽光直曬。具耐寒性，可以在室內越冬。喜歡高濕度的環境，平常即需多澆水、以噴霧替葉片補水。遇到乾燥等缺水狀況時，會從葉尖開始慢慢地變黃並枯萎，在室內開空調時需特別留意。春季到夏季要施予液肥。

石筆虎尾蘭

性質近似仙人掌，葉片形狀多樣化。春季到秋季時，待盆內土壤乾燥後再澆水即可。水分不足時，葉片會變得皺，只要澆水就會恢復原狀。11～3月不用澆水。若是室內有開暖氣，導致濕度較低時，可視土壤的乾燥情況，每個月澆1次水即可。需擺放在日照充足的位置，但是要避免夏季時受陽光直曬。

根據不同種類，葉片形狀各異。短葉虎尾蘭的葉片就是短小圓潤的樣子。

紅邊竹蕉

喜歡日照，但具有耐陰性，放在室內明亮的光線散射處也可以。夏季要避面陽光直曬；冬季要放在日照充足、氣溫10度以上的環境中。澆水過量會導致爛根，注意不要澆太多水。直接吹到空調的風會加速乾燥，導致葉片凋落，需避免放在風口處。以噴霧加濕葉片也很重要，可以防止葉片乾燥。

「彩虹竹蕉」的細長綠葉上，會有紅色和白色的邊線。

正榕

圓潤飽滿的樹幹看起來相當特別。具耐陰性，但還是要充分日照才能成長茁壯。陽光直曬可能造成葉片灼燒，隔著蕾絲窗簾照光較為理想。直接吹到空調的風會損傷葉片，在室內開空調時需特別留意。處於成長期的春季到秋季之間，表土乾燥時就可以給予大量的水分；冬季時可減少澆水次數，以噴霧噴在葉片上保濕即可。

鵝掌藤

常綠灌木鵝掌柴的縮小版。理想上最好能曬到太陽，不過也能在有散射光的環境中生長。即使放置於陽光直曬處，只要漸進式地讓植株習慣，也能順利生長。具耐寒性。成長期間可以施肥1～2次。在夏季的高溫環境下，可能因為濕熱造成根系損傷，建議移動到通風良好的位置，並注意底部不要放接水盤。

#05

小巧
卻存在感十足，
樹木般的身影充滿魅力！

山菜豆

一般在園藝店看見的都是幼苗，莖幹會隨著植株成長逐漸木質化。成長過程中需要充足的日照，但是光線太強會使葉片變黑。春季到秋季時，待土壤乾燥後再澆水即可。植株在幼苗時期比較不耐乾燥，需特別留意濕度、時常給葉片噴霧（待莖幹木質化後就不需要了）。冬季約每週澆１次水即可，具耐寒性。市面上也能看到斑葉的品種。

姑婆芋

像是心形的葉片十分引人注目。建議擺放在有陽光照射的窗邊、明亮且通風之處。喜歡高溫多濕的環境，可以在葉片上噴霧，增加濕度。直接吹到空調的風會枯萎，需避開風口。處於成長期的春季到夏季之間，表土乾燥時就可以給予大量的水分；停止生長的冬季則要減少澆水量，每週澆1～2次即可。

馬拉巴栗

又名「發財樹」，是種吉祥的觀葉植物。春季到秋季之間，表土乾燥時就可以澆水；冬季要維持土壤偏乾，少量澆水即可。整年都要時常對葉片噴霧補水。澆水頻率約為春季到夏季3天1次、冬季每週1次，關鍵在於每次都要大量澆水。基本上很容易適應環境，只要避免在盛夏時受陽光直曬。可以不時地變換一下盆栽的面向。

咖啡樹

富有光澤感的葉片非常漂亮，適合作為室內觀賞用的植物，相當受歡迎。春季到秋季之間，土壤乾燥時要大量澆水；冬季則是待乾燥數天後再澆水即可。植株本身很強壯，即使缺水，只要再澆水就會復活了。雖然不耐盛夏的陽光直曬和寒冬的低溫，但是只要放在日照充足的室內，就能輕鬆長大。長到約1m高後，有機會開出芬芳的白色花朵，或許還能採收鮮紅的咖啡果實哦！

朱蕉

又名「紅葉鐵樹」。雖然是可置於桌面的尺寸，但是莖幹粗大，有樹木般的厚實感。光線不足時，不利於新葉發色。春、秋兩季要放在光線充足處，夏季放在散光處，冬季只要隔著玻璃曬到太陽即可。春季到秋季的期間，表土乾燥時就可以澆水；冬季要維持土壤偏乾。整年都要時常對葉片噴霧補水。

藍花楹

世界三大花木之一，可以長到15m高。長大後會開花，但是在室內不會開花。可以擺放在光線充足或是明亮的散光處，日照不足可能會有葉片凋落的狀況。因為不耐低溫，冬季要放在日照充足的地方照顧。春、秋兩季可以等土壤乾了再澆水；夏季則是不能讓土壤乾燥，需時常澆水；冬季盡量維持土壤乾燥。

06

在茂盛、垂墜的枝葉中，享受造型的變化！

常春藤

別稱「爬牆虎」。強烈日曬會使葉片受損，但適度的日照可以加速成長，讓植株更加茁壯。非常耐乾燥，盆內土壤都乾了再澆水即可。且具耐寒性。可以利用其生長時會延長藤蔓的特性，放在層架或書架等高處，當作裝飾綠植。藤蔓伸展過長時，可以從分枝或莖條剪斷，維持整體的平衡感。

五葉地錦

具有垂墜的外觀特徵，適合裝飾在吊籃或高處，觀賞枝葉垂落的姿態。可置於日照良好的散光處，但需避開盛夏直射的陽光。土壤乾燥後，再澆水即可。冬季時，即使盆內土壤未乾，當葉片乾燥時，可以用噴霧噴在葉片上補水。伸出的藤蔓若破壞整體的平衡感，可以將其剪除。將剪下的藤蔓插入水中，就會發根。

鳳尾蕨

蕨類的一員，世界上約有300種。整年都可以放在明亮的散光處，但要避免陽光直曬。春季到夏季之間要大量澆水，避免土壤乾燥；冬季則要等土壤乾燥後再澆水。隨著植株的成長，葉片會愈來愈茂密，變得蓬鬆又可愛。盆底若看得到根，就要移植到更大的盆器中。可以體會植株漸漸長大的樂趣！

葉片的形狀、顏色及樣貌也很豐富多樣，充滿魅力。

黃金葛

不耐盛夏的陽光直曬。具耐陰性，可在半日照的環境中栽培。盆內表土乾燥時，可大量澆水至水從盆底流出的程度。冬季大約每週澆水1～2次即可。黃金葛為蔓性植物，莖條向上伸展時，葉片會較大；向下伸展時，葉片則會變小。葉形會根據不同的培育方式而變化，非常有趣！

日本紅楓「出猩猩」

新芽時期會呈現鮮紅色，夏季會變成綠色，到了楓紅的季節，又會再變成紅色。非常喜歡水分，在土壤變乾之前就要澆水。尤其是夏季，葉片會因為乾燥而萎縮，所以需要噴霧為葉片補水。夏季要避免陽光直曬，在半日照的環境中培養即可。具耐寒性，不用擔心冬季。放在室內的話沒辦法轉變為紅葉，想要享受葉色變化的樂趣，秋天時可以將植株放到室外透透氣。

山黃梔

特徵是花朵具有濃郁的香氣。不耐乾燥、低溫、陽光直曬，需特別注意。吹到空調的冷風或熱風時會立刻變乾，要避免放在風口處。盆內土壤變乾時就可以大量澆水，但冬季時要減少澆水量。6月花朵凋謝時就可以開始修剪，留下新的枝枒，8月時再施予固態肥料。

#07

輕鬆將日式風格帶入生活

小藤

不會開花，是日本自古以來的樹種，常作為裝飾盆栽。平常放在通風良好、不會受到強烈日照的位置，可2～3天就拿到室外擺放一下。在冬季的休眠期時不需要日照，放在不會吹到暖氣的室內照顧即可。澆水頻率大約如下：春季及秋季1天澆1次、夏季1天2次、冬季2～3天1次。3～5月抽新芽或夏季的時候，土壤會比較容易乾燥，要注意缺水的狀況。

榆櫸（斑葉）

初春冒出新芽，再由鮮豔的新綠，轉為秋季的黃葉，四季各有其美感，是很受歡迎的盆栽品種。若放在室內，春季到秋季大約可以2～3天不用照顧，冬季則以一週為限。平常放在日照充足、通風良好的位置即可。喜歡充足的水分，春季到秋季約1天澆1次水，冬季則2～3天澆1次。不過，若土壤是濕潤的，就不用勉強澆水。

COLUMN 1

換成喜歡的盆器，提升布置品味！

將盆栽換上與家中風格相符的盆器吧！

園藝店販售的小型觀葉植物，通常都裝在黑色的育苗軟盆中。有些雖然種在盆器中，但可能剛好不是自己喜歡的類型。

難得買了一盆喜歡的植物，就換到自己喜歡的盆器中吧！不但能讓整體外觀更可愛，也可以提升和房間風格的契合度，讓自己的心情更加豐富滿足。

尋找適合植物的盆器！

1 豐富多樣的盆器材質！

基本上不限定使用哪種材質，不過要先瞭解各個材質的特性，例如：「素燒陶盆的透氣性佳，但土壤容易乾燥」、「塑膠盆及上釉陶盆的保水性佳，但容易悶熱潮濕」等等，再來挑選適合的盆器。

金屬製盆器容易夏熱冬冷，造成土壤的溫度劇烈變化，比較適合放在溫度穩定的室內栽培，使用這類盆器時要多加留意。

2 選擇底部有開孔的盆器！

雖說各種材質的盆器都可以使用，不過還是有一個共通點，那就是盆底要有一個開孔。對於植物來說，土壤是水分及養分的儲藏室，因此需要常保濕潤。不過盆底積水，也會造成根系腐爛。

乍看之下會覺得有點矛盾，不過種植用的土壤應該挑選「保水性和排水性都良好」的類型。因此，若要以點心鐵盒當作盆器的話，記得先在底部挖洞再使用哦！

3 盆底放置接水盤！

水會從盆底的孔洞流出，所以一定要放接水盤。接水盤和盆器一樣，也有素燒、塑膠、陶器、錫製等各種材質，但具有吸水性的素燒接水盤不適合在室內使用。此外，不一定要選用園藝用的接水盤，陶器、瓷器、玻璃製的餐盤也可以當作接水盤。底部可能因潮濕而發霉，需要特別注意。

也可以使用馬克杯等容器當作外盆，同樣能發揮接水盤的功能。裝在小型盆器內的觀葉植物容易傾倒，使用馬克杯等穩定的容器當作外盆也比較好照顧。不過，這麼一來會看不到底部是否有積水，需要不時確認，以免有積水的狀況。

小型盆器的種類相當豐富。使用各種材質的盆器，就能漸漸瞭解最適合自家環境和養護方式的是哪一種。

葉片鬆散且會舒展開來的小型觀葉植物，可以放在有重量的盆器或外盆中，比較穩定。

放任接水盤積水，會造成水質腐敗，給植物帶來負面影響。要時常處理積水，保持清潔！

混植？
不對，是盆栽組合！

將不同的植物一起種在同一個盆器中，是難度很高的種植方式。但是，這裡介紹的方法，只要將育苗盆放在一起就好。不僅容易替換植物，澆水條件不同的品種也能組合在一起。

將不同高度、葉片顏色和形狀各異的植物搭配在一起，就會變成一盆富有層次變化的美麗混植盆栽。

材料

植物（由最後面開始，順時針依序為龜背芋、兔腳蕨、白網紋草）、籐籃、樹皮（複合材質）、氣墊。

1
在籐籃底部鋪上氣墊，放入要組合的植物。

2
用樹皮填滿盆器之間的空隙，將盆器固定住。

3
再用樹皮蓋住盆器的表面，看起來就會像混植的盆栽了！

【 BASIC PLANTING METHOD 】

基本換盆方法

本篇將介紹小型觀葉植物的基本換盆方法。需要注意的重點是，為了避免澆水時溢出或噴濺而弄髒室內，應該預留讓水可以停留的空間，並將植物根部種在距離盆緣1㎝以上之處。此外，在室內處理土壤的時候，可以先鋪一層報紙或塑膠布。

\ START /

1 將盆底網切成可以蓋住盆底孔的尺寸，並蓋在盆底孔上。

▼

2 放入盆底石，將盆底孔完全蓋住。

材料

植物（正榕）、觀葉植物用土、盆底石、盆底網、鋪面用的砂石。
※工具請選擇適合小盆器尺寸的鑷子及竹筷等。

小型觀葉植物建議可用到5號盆

盆器的尺寸以「號」標示。1號的直徑約3㎝，所以3號盆的直徑就是約9㎝。請依植物的大小，挑選適合的盆器尺寸。能放在桌上、輕鬆以單手移動的小型觀葉植物，到5號盆為止都適用。根據盆器的厚度和高度，需要的土壤量會有所不同，這裡介紹的是一般的參考標準。※台灣多用「吋」，1吋約2.5㎝。

1號盆
直徑：約3㎝
需要的土壤量：0.02ℓ

2號盆
直徑：約6㎝
需要的土壤量：0.08ℓ

3號盆
直徑：約9㎝
需要的土壤量：0.3ℓ

4號盆
直徑：約12㎝
需要的土壤量：0.6ℓ

5號盆
直徑：約15㎝
需要的土壤量：1ℓ

3 放入些許土壤，高度約至盆器的$\frac{1}{3}$高。

4 將植株從育苗盆中取出，放入盆器中。根部朝下，稍微調整底下的土壤，讓莖幹底部的深度距離盆緣1㎝以上。

5 在植株的縫隙之間，填入與莖幹底部同高的土壤。

6 用竹筷戳看看土壤。若土壤鬆動、出現空隙的話，就再加一些土。過程中要注意不要刺到莖幹！

7 最後蓋上鋪面用的砂石，將土壤表面蓋住就可以了。

/ FINISH \

強壯又好照顧！依照各季節、品種的種植方式，讓植物元氣滿滿

在照顧方式上下點工夫，讓植物成為長久的家人

觀葉植物一年四季都有著美麗的葉片，自古就作為觀賞用植物。原產地來自世界各地，從熱帶性植物到高山植物都有。根據不同的原生環境，培養地點及管理方式都會有很大的差異。

為了讓植物在日本氣候下也能健康成長，需要下點工夫，必須注意擺放位置及照顧方法。接下來將介紹基本的管理方法，讓植物不會馬上枯萎。

擺放位置

最理想的是通風良好、避開陽光直曬且有良好散射光的位置。若不得已只能放在曬不到陽光的地方，就要時常移動，讓盆栽曬曬太陽。

不同季節有各自應注意的地方。大多數的觀葉植物都會在冬季休眠，這時會變得比其他季節時還要虛弱。若在入春時突然照射強烈的陽光，對植物來說會過於刺激，可以用蕾絲窗簾等調節光線。進入4～5月，就可以拉長日照的時間。但是有些品種不喜歡日照，需要特別注意。

夏季則要注意陽光直曬的問題，強烈的日照會讓葉片灼傷、變色。還有一點很重要，不要放在會直接吹到冷氣風之處。

秋天開始必須為休眠儲備體力，到了10月左右就要積極地讓植物曬太陽。

冬季時，比起日照，將植株放在溫暖之處更重要。

暖氣太溫暖的話會加速植栽乾燥，想要呵護植物長大的話，就放一台加濕器吧！

澆水

並不是1天澆1次水就可以了，理想的方式是依盆中土壤的乾燥狀態來決定澆水頻率。若是極耐乾燥的品種，可以待表土乾燥後，隔天再澆水；不耐乾燥的品種，則是表土開始變乾時就要澆水了。

基本上，每次澆水都要給予大量的水分，澆到水從盆底流出為止。澆水的同時會為植物帶來氧氣，可以防止爛根。

不過，接水盤裡的水一定要記得倒掉哦！

此外，別忘了給葉片噴霧補水。大多觀葉植物的原產地都位在熱帶到亞熱帶之間的高濕度地區，所以不時用噴霧器在葉片上噴水也很重要。

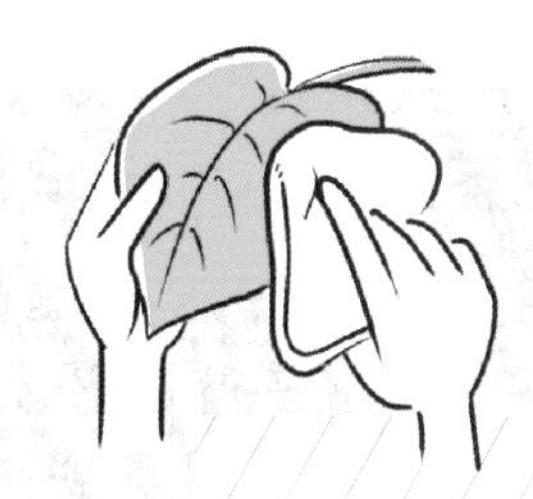

日常養護

如同字面上的意思，「觀葉植物」就是用來觀賞葉片的植物。葉片表面若有髒汙，可用濕布輕柔地擦拭。不只能讓外觀變乾淨，還能防止灰塵阻塞葉片表面的氣孔，並防治葉蟎、白粉病等病蟲害，有助於常保植物健康。

此外，植物莖條延伸、節間拉長，整體顯得瘦弱的情形稱為「徒長」。主因是日照不足，建議將植株移到明亮且通風良好的地方。

若植物根部從盆底的孔洞冒出來，就代表根系已經將盆器塞滿了。遇到這樣的狀況，或是覺得植物失去平衡時，就可以移植到大一號的盆器中。

肥料

在植物休眠的10～3月之外，都可以適度地施肥。需要注意的是，過度施肥會讓植物發育過剩，超越小型尺寸。

肥料可分為粒狀的緩效性肥料，和液態的速效性肥料。將粒狀肥料放在土壤上，每次澆水時就會一同溶入土中。想要穩定管理，可用粒狀肥料作為基本肥料。春季為植物的生長期；夏季則需要頻繁澆水，易使肥料流失，因此可在春夏時施加液態肥料。觀葉植物用的肥料使用方式簡單，可以安心使用。

MEMO

小型植物要用小巧的工具才方便

小型植物只需要少量的土壤和園藝資材，移動起來也很輕鬆，有很多利於栽種的優點。不過，因為尺寸小，也有幾項缺點，例如：移植作業相當精細，要一邊支撐植物，一邊將土壤放入盆中，其實意外地困難。

這時，就需要一些小道具了。園藝店裡有販售各式各樣的用具，可以跑一趟店裡找找。除了專用的園藝用品，也可以利用一些日常用品。

其中最推薦的就是鑷子，務必準備一個。可將纖細脆弱的根系押進盆器裡，或是將莖幹拔出來。此外，也可以使用湯匙、叉子等餐具類。

小巧的工具不僅使用方便，還能直立在空罐中，當成布置的裝飾品。事不宜遲，趕快收集可愛的小工具吧！

生活雜貨商店也有豐富的園藝用品，可以找到可愛的園藝雜貨哦！

觀葉植物的必勝方法

利用伸縮桿和S型掛鉤，就能輕鬆懸掛植物。使用吊缽繩結懸掛，也很時髦好看。

網購有什麼優點呢？

大家有在網路商店購買植物的經驗嗎？網購不需要特別跑一趟店面，可以悠閒地挑選商品，而且不用考慮重量，能直接寄到家裡，非常方便。但相對地，沒有看到實物就購買，存在一定的風險。尤其植物是活的，相信不少人會想要親眼確認實際狀態再購買。

網購的優點不只配送方便，網路商店的品項既齊全又豐富，不僅有熱門和稀有品種，也能找到附近的園藝店或購物中心沒上架的植栽，不錯過任何植物。

購買要點

HOW TO BUY

METHOD 1

栽種時遇到困難，有相關的售後服務嗎？

每間商店會有不同的應對方式。以e－花屋來說的話，只要有栽種方面的問題，都會提供相關建議。此外，出貨時會附上各種植物的照顧指南，讓客人栽種時可以參考，有不懂的地方也歡迎詢問店家。

METHOD 

如何挑選網路商店？

每家網路商店都有其特色。有些專賣觀葉植物，有些則著力於多肉植物。此外，還有適合初學者或資深玩家的分別。可以確認品項類別和購買說明後，再判斷哪些店家比較適合自己。

METHOD 3

植物是以什麼形式販售？

關於這點，每間店也有不同的做法。e－花屋除了販售需要自行移植、種在育苗盆中的植栽之外，也有販售已種在裝飾用盆器的植栽。為了滿足客人想要自行挑選盆器的需求，也有上架各種尺寸、材質和形狀的盆器。此外，栽種用的園藝資材和裝飾用盆栽架也有販售。

METHOD 4

是否會有和照片不符的狀況？

e－花屋會挑選品質落在平均水準的樣品進行拍攝，所以幾乎不會發生「和範例不一樣」的狀況。品質比照片還差的植株，我們也不會對外販售。在品質的要求基準上，我認為比一般園藝店還要嚴格。

METHOD 

是否可以退貨及換貨？

僅限商品有瑕疵的情況才能退、換貨（需在商品寄達7天內）。請事先在官網或是透過電話聯絡退、換貨的相關事宜，這邊會再進行後續處理。

METHOD 6

植物到貨前，應該準備什麼用具？

至少準備一個澆水壺，建議使用細口、水壓溫和的澆水壺。培養土、肥料等園藝資材，以及剪刀等工具，可以等需要時再買齊就好。

METHOD 

植物怎麼運送？寄達後要先做什麼？

包裝時會放入緩衝包材，並以專用紙箱寄送。從箱中取出植物後，可以參考附贈的栽種指南來決定擺放位置。e－花屋販售的大多是已經種在盆器中的植物，直接連同盆器擺上即可。

聽聽人氣商店
e－花屋
怎麼說！

在網路商店購買

而且，正因為看不見實物，網路上會提供許多資訊量。充滿詳細介紹和實用內容的官網，本身也很吸引人。

「e－花屋」是由明治14年創立的大井仙樹園（富山縣的園藝、造園業者）經營的觀葉植物專賣網路商店。

我們向店長古永崇先生請教了網購植物的必勝要點，以及e－花屋式的裝飾及栽種方法。

各位就利用這個機會，試著網購「一盆」吧！

e－花屋

2005年以「日本第一親切的網路商店」為目標，於樂天購物網上成立的觀葉植物專賣店。在使用者之間的評價很高，尤其是提供給初學者的植物挑選方法及培育建議，深受好評。

https://www.bokunomidori.jp/

裝飾方法／挑選方法

HOW TO DECORATE AND CHOOSE

METHOD 1

哪些觀葉植物比較適合初學者？

e－花屋的經營理念，就是希望初學者能避免失敗、享受長期照顧植物的樂趣，所以主要販售符合這點的植栽。要想挑一株長期陪伴自己的植物，第一要素就是「外觀符合自己的喜好」。先選擇認為「可愛」的植物，再詢問其培育方法及應注意的地方即可。

METHOD 2

如何以觀葉植物裝飾出好品味？

最推薦以「懸掛」的方式裝飾。單純將植物掛起來，就能瞬間改變室內的氛圍。大型植物需要有一定的空間，但是小型植物又不夠顯眼。只要把植物掛起來，就能同時解決空間和存在感的問題了。

METHOD 3

如何裝飾才能讓植物長壽呢？

讓植物長壽的祕訣就是「擺放在通風良好處」。比起放在層架上，懸掛起來較有利於通風，且容易發現植物的變化，減少「不知何時就枯萎了」的狀況。大部分的觀葉植物只需花費假日的1～2分鐘（每株）來照顧即可，忙碌的人也能栽培。

METHOD 4

沒有可以裝飾的空間怎麼辦？

沒有可以裝飾的空間，只要懸掛起來就解決了！ 不過，有些人可能連懸掛之處都沒有，即使知道植物大多喜歡窗邊環境，卻苦於無處擺放。這時就用最簡單的方式，在窗前擺放一個不影響日常生活的檯面吧！既然「沒有可以裝飾的空間」，就「自己創造一個空間」。

METHOD 5

可以放在曬不到太陽的地方嗎？

大多數的觀葉植物只要有間接照明程度的光線即可。觀葉植物本就有高度的環境適應力，且植物生性溫柔，就算身在「適合人類的環境」，也會盡力配合。不過，植物的天性還是喜歡明亮的環境。相信只要愈來愈喜歡植物，就會願意為其打造「適合植物的環境」。

METHOD 6

能推薦適合特定風格的植物組合嗎？

植物的綠意可以融入各種室內風格中。比起挑選植物本身，更應該挑選適合的「盆器」。舉例來說：明亮的地板材質，就適合搭配亮色的盆器。還有，尺寸的選擇也很重要。在狹小的房間中裝飾大型植物會產生壓迫感，需特別留意。

細緻華麗的紐西蘭刺槐，放入粗獷的盆器中意外地非常合適，可以融入各種布置風格中。

MY HEARTTHROB

人氣網路商店「e-花屋」推薦！

外觀就讓人『怦然心動☆』觀葉植物目錄

我們請e－花屋幫大家在眾多觀葉植物中，挑選了一些「好看」又「好照顧」的種類，歡迎大家到商店頁面瀏覽！

紐西蘭刺槐

豆科／高度（含盆器）30～40㎝／盆器尺寸為3.5號

具曲線感的纖細樹枝，彷彿日式盆景，無論男女都會喜歡的觀葉植物。雖然外表看起來華麗又細緻，但其實具備了可以在室外越冬的驚人韌性。幾乎不會開花……但是養了幾年之後，說不定有機會看到花。

擺放位置

盡量放在可以照到陽光且通風良好的位置，光線不足會導致葉片凋零。耐寒性強，在沒有暖氣的房間也可以輕鬆越冬。

培育方式

澆水方面和其他植物一樣，「土壤乾了就要大量澆水」。但是，他和其他植物相比之下較不耐乾燥。水分變少就會開始掉葉。請種在排水性佳的土壤中，並且確實地澆水。

如此纖細，卻能帶來滿滿的療癒感～

紐西蘭刺槐種在造型特殊的淡藍色盆器中，隱約營造出日式風格。

1 紐西蘭刺槐有著纖細的樹枝和小巧的葉片，曬到陽光後會長出萊姆色的新芽，和其他濃綠色葉片形成對比，非常美麗。2 栽種在苔球上的紐西蘭刺槐，看起來就像日式盆景，放在玻璃盤上顯得十分清涼。

※書中刊載的商品，目前可能在商店內並無販售，或是已完售。植物有季節性的限制，敬請見諒。

帥氣、簡單，又不易枯萎！

1 存在感強烈，只是懸掛著就能改變房間的氛圍。使用帶有接水盤的盆器，就不用擔心水會滴下來了。2 種入簡單的黑色盆器中，就這樣放著也覺得很可愛。

銀葉鹿角蕨

水龍骨科／高度（含盆器）30～50cm／盆器尺寸為5號

鹿角蕨是具備「2種葉片」的蕨類植物，非常有趣。尤其是稱作「儲水葉」的葉片，長大之後就會長成「鹿角」的形狀，看起來更有魄力。鹿角蕨有許多品種，其中銀葉鹿角蕨既好養又好看。

擺放位置

室內明亮且通風良好的位置最為理想。在觀葉植物中，屬於較能接受僅間接照明的植物，容易照顧，具有高度的環境適應力。

培育方式

懸掛的方式更能突顯銀葉鹿角蕨的魅力。喜歡鹿角蕨的同好眾多，深入鑽研培養方式，就會發現鹿角蕨的世界廣袤無邊。像銀葉鹿角蕨這種入門品種，對初學者來說應該也能輕鬆培育。

姬龜背

天南星科／高度（含盆器）35～45cm／盆器尺寸為5號

葉片帶有裂痕，是很受歡迎的觀葉植物。一般的龜背芋會愈長愈大，可能對未來的生活造成影響；而姬龜背可以維持輕巧的樹形，在小房間中也能無負擔地享受栽培的樂趣。

擺放位置

室內明亮且通風良好的位置。比起窗邊，更推薦放在不會照到強光之處，具耐陰性。

培育方式

土壤變乾時就給予大量的水分。冬季建議擺放在10度以上的空間內。如果不想讓植株長太大，需每年修剪1～2次。

「咦？葉子破掉了？」這就是龜背芋給人的第一印象。

葉片帶有特殊的光澤感。可以白牆為背景，任由其枝葉自由伸展，營造出時尚叢林的風格。

使用木製的盆栽架（如上圖）或外盆（如下圖），看起來會更加貼近自然。

外型可愛又兼具人造花般的強韌！

喜悅黃金葛

天南星科／高度（含盆器）12～15cm／盆器尺寸為2.5號

有著「最美黃金葛」之稱的優良品種。不僅外型好看，其耐陰性及耐寒性在黃金葛中也數一數二。和其他黃金葛相比，成長速度緩慢，容易維持嬌小的樹形，推薦給喜歡小盆栽的人。

擺放位置

明亮且通風良好的位置，需避免強光照射。環境適應力比其他植物高，可以擺放在室內的各種位置欣賞。

培育方式

在「容易照顧的觀葉植物」中名列前茅，唯一的弱點是不太耐寒，減少澆水量可使其接受5度左右的低溫。水分變少時葉片會軟塌，容易看出缺水的徵兆，很推薦初學者栽種！

尺寸小巧，可以擺放在洗手台旁。看著可愛的葉子，心中就充滿著平靜祥和的感覺。

好喜歡馬拉巴栗！但想要樹形更特別一點的……

馬拉巴栗

錦葵科／高度（含盆器）45～55cm／盆器尺寸為2.5號

有「幸運招財樹」之稱，常用於送禮，不過最近購入後自用的人也變多了。現今樹形時髦的種類增多，是不錯的風水擺飾。

擺放位置

喜歡日照，但是也能接受陰影處，環境適應力高。冬季減少澆水量的話，可以接受5度左右的低溫，不過盡量放在溫暖一點的地方比較好。

培育方式

有時候忘記澆水也沒關係！很推薦給初學者或生活忙碌的人。如果不想讓植株長太大，春季時可以進行剪枝，訣竅是剪除莖幹綠色的部分。在偏乾燥的條件下栽種，就能延緩長大的速度。

1有莖幹扭曲的類型，也有像這樣圓胖可愛的類型。尋找適合自己的植物，也是一種樂趣。2仔細看會發現馬拉巴栗的葉子呈星形，葉片大小交錯的樣子非常漂亮。

1 附上掛鉤的苔球造型，可以像時鐘或月曆那樣，輕鬆地掛在牆上觀賞。
2 可將小尺寸的火焰鳥巢蕨置於桌邊。其波浪狀的翠綠葉片，讓人在遠距工作中也能獲得一絲慰藉。

觀葉植物中較耐陰的品種，尺寸輕巧，容易裝飾！

火焰鳥巢蕨

鐵角蕨科／高度（含盆器）22～30cm／盆器尺寸為4號

在福岡名門「杉本神龍園」的努力下誕生的美麗蕨類。故事起源於明治時代，神龍園的第二代園長杉本春男，在採集時發現了一種從沒見過的蕨類，並對其一見鍾情。經過一次又一次的育種挑選後，才有了「火焰鳥巢蕨」這個品種，並在世界最大的園藝植物博覽會上獲得最佳獎。雖然外觀有些低調，但其實是非常厲害的園藝植物！

擺放位置

蕨類植物的特色就是對陰影的接受度高。火焰鳥巢蕨不僅可以待在陰影處，也可以曬太陽，能擺放在室內各處欣賞。

培育方式

培育方式和一般觀葉植物幾乎一樣，但較不耐乾燥。不過一週內澆幾次水即可，可以安心地種植。能夠接受8度左右的低溫。

圓葉榕

桑科／高度（含盆器）16～20cm／盆器尺寸為2.5號

榕樹在日本有「幸福精靈棲身之樹」、「滿載幸福之樹」的美譽，在觀葉植物中是特別受歡迎的種類。圓葉榕的名稱和外觀討喜，特別受女性喜愛。比起大尺寸，小尺寸的圓葉榕更能體現出其魅力所在！

擺放位置

榕樹具有一定的耐陰性，但還是非常喜歡陽光，建議擺放在窗邊栽培。

培育方式

擺放在明亮且通風良好的地方培養，土壤會定期變乾。有些人會擔心爛根而猶豫是否要澆水，但是在日照處水分不足的話，會造成葉片凋落，需特別留意。

圓潤又帶有光澤的葉片，很受女性喜愛。

即使種在手感粗糙、不加修飾的盆器中，圓潤的葉片還是非常可愛。尺寸嬌小，不用煩惱放置的空間不足。

台灣毬蘭
(綠葉)

夾竹桃科／高度(含盆器)15～25cm／盆器尺寸為4號

「會開出美麗花朵」的觀葉植物。在毬蘭之中，台灣毬蘭又屬特別容易栽培的入門品種。通常為斑葉，但不帶斑（綠葉）的品種更容易融入室內布景中，因此不少人會特別尋找綠葉的毬蘭。

擺放位置

可以接受一定程度的陰影及低溫，屬於容易布置的室內綠植。

培育方式

極耐乾燥，是很好照顧的觀葉植物。有時會附著棉絮般的粉介殼蟲（不會動，也不會飛，請放心），發現的話可以用棉花棒等挑除。

可愛又時髦，可能還會開出特別的花朵！

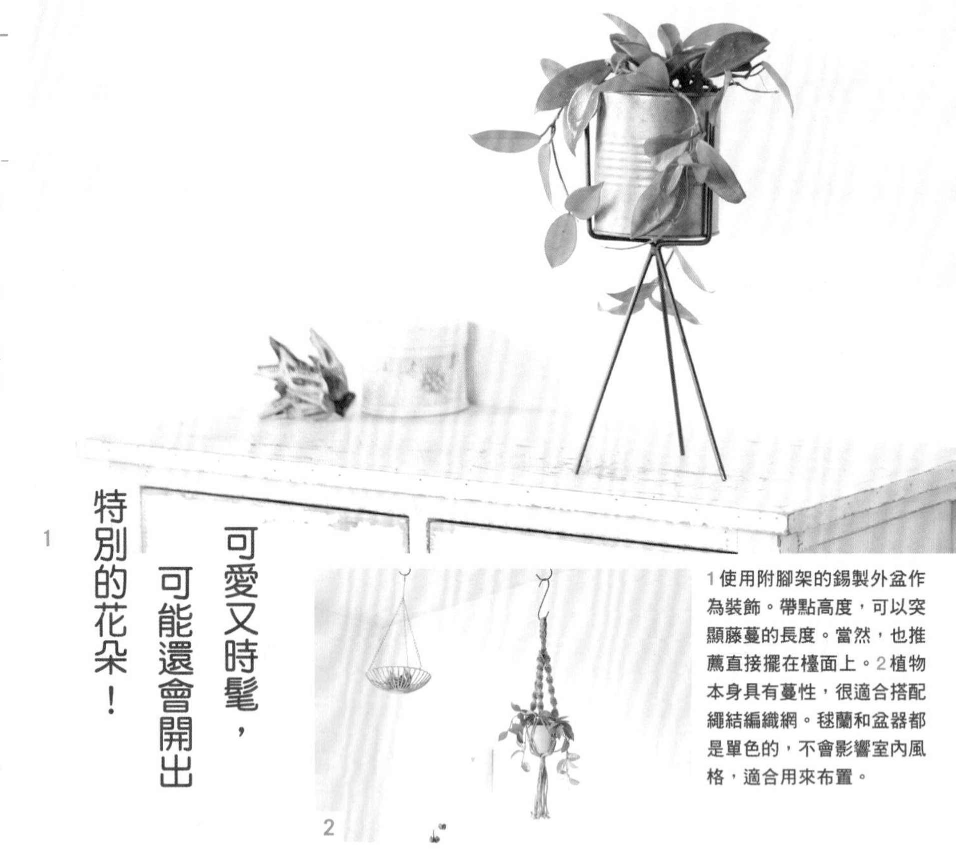

1 使用附腳架的錫製外盆作為裝飾。帶點高度，可以突顯藤蔓的長度。當然，也推薦直接擺在檯面上。2 植物本身具有蔓性，很適合搭配繩結編織網。毬蘭和盆器都是單色的，不會影響室內風格，適合用來布置。

1 使用自然的籐籃當作外盆。堆得滿滿的綠葉放在桌面上，有著不輸花朵的華麗感。2 具有亮面光澤質感的盆器，其鮮明的顏色顯得非常高雅。與五葉地錦搭配起來，很適合優雅的室內風格。

五葉地錦

葡萄科／高度（含盆器）18～25cm／盆器尺寸為4號

說到蔓性植物，多數人都會想到常春藤或黃金葛。不過，若要論到「時髦程度」，五葉地錦更勝一籌。其枝條較柔軟，容易垂落，整體散發出優雅、溫柔的氣息。

擺放位置

只要具備「可以不費力地閱讀報紙」的光線就可以了。耐寒性佳，可在0度左右的環境中生存。作為寒冷地區的室內綠植，是值得信賴的好夥伴。

培育方式

具備高耐陰性及耐寒性，卻不耐夏季的高溫。不過，只要待在像是客廳那樣，「人類可以舒適生活」的空間內就沒問題。藤蔓伸長看起來比較時髦，但是適度修剪可以增加份量感。

霸王鳳

鳳梨科／大小（直徑）8～12㎝
被譽為「空氣鳳梨霸王」的人氣品種。不需要土壤或盆器也能生存，強悍的生命力令人驚訝，有時甚至被當作雜貨在販售。認真照顧的話也會開花，充滿驚奇。成長速度不快，但還是會長大。相信看著其日漸成長，喜愛之情也會與日俱增。

擺放位置

非常耐陰，可以當成一般雜貨來裝飾。天性喜歡「風」，建議放在通風處，以懸掛的方式裝飾。

培育方式

空氣鳳梨容易讓人誤以為「不需要澆水」，其實並非如此，還是需要定期澆水。以噴霧替葉片補水時，可以大膽地噴到整株都濕的程度，不過需留意「這些水分要在2～3小時內風乾」。因此，植株要盡量放在通風良好的地方。如果放在不容易乾的位置，就要調整澆水量。

1 單純用麻繩吊掛起來展示，也很有味道。2 在e－花屋很受歡迎的空氣鳳梨立架。只要插入鐵絲，就像一件藝術品。3 隨意地擺放在桌面上也很可愛！

懸掛時猶如散落的羽毛，十分帥氣。曬到太陽時，冒出的新芽會是成熟的紅棕色。

綠羽葦

仙人掌科／高度（含盆器）30㎝左右／盆器尺寸為5號
又名「絲葦仙人掌」，大多數的絲葦品種都是繩狀的細葉，不過也有像綠羽葦這樣的大葉品種。株植強壯，又好照顧。枝葉伸展愈長，看起來就愈時髦，簡直是「會生長的裝飾品」，在懸掛類的綠植中特別受歡迎。

擺放位置

需擺放在通風良好的位置。不耐強光，若放在窗邊，需要隔著蕾絲窗簾。耐陰性強，是很方便布置的室內綠植。擺設在高處會非常好看！

培育方式

原產於森林之中，又稱作「森林仙人掌」。可接受偏乾的土壤，但喜歡空氣濕度較高的地方。不過不用想得太複雜，基本上照顧方式比照其他觀葉植物即可。

稀有的黑葉品種，
呈現絕美的黑色！

使用可愛的鱗片花紋陶盆，獨特的植物和特殊的盆器非常相配。

黑葉美鐵芋

天南星科／高度（含盆器）25～30 cm／盆器尺寸為4號
美鐵芋因為其「時尚的姿態」而受到許多人喜愛，而黑葉美鐵芋則是最近獨一無二的新品種，顏色非常地帥氣！其特色是生長速度非常緩慢，一年只會長高幾公分。近期，這類不太會長大的植物較受大眾歡迎。

擺放位置

明亮且通風良好的位置，夏季要避開強烈日照。雖然頗具耐陰性，但還是要接受適度的日照，姿態才會緊實、漂亮。

培育方式

栽培方法和其他觀葉植物幾乎相同，但是需控制澆水量。非常耐乾燥，高溫期及低溫期澆太多水，都會造成腐爛，需特別注意。

搭配充滿岩石質感的盆器。

簡單的黑盆與漆黑植物的組合。

選擇時尚的顏色，塑膠盆也可以看起來很豪華。

咖啡樹

茜草科／高度（含盆器）25～30 cm／盆器尺寸為2.5號
咖啡豆發芽後，長出來的就是咖啡樹。相信大家會想「在家庭菜園種咖啡豆」，但是樹不夠大棵的話不會結果，所以一般在家庭種植的咖啡樹都是「觀賞用」的。帶有光澤感的葉片和名稱都非常可愛，也很耐陰。先不考慮是否能結出咖啡豆，其本身就是很值得推薦的觀葉植物。

擺放位置

需要注意冬季的低溫（建議要在10度以上）。耐陰性強，是很方便擺飾的室內觀葉植物。

培育方式

缺乏水分時葉片會下垂。和其他植物相比，「缺水的徵兆」較容易發現。若在偏乾燥的環境中培養，可以延緩成長的速度。

1 將咖啡樹栽種於宛如咖啡杯的盆栽中，容易移動，又能作為拍攝IG照片的小道具。2 咖啡豆發芽後，就能長成葉片具有美麗光澤的觀葉植物。

1

2

咖啡樹
很可愛吧！

將咖啡樹種於飲料杯中，填入椰子殼屑。澆水的時候，只要把多餘的積水倒掉即可。

一盆就能帶來無數快樂的圓圈眼鏡！

捲葉榕

桑科／高度（含盆器）35～45㎝／盆器尺寸為4號

捲葉榕的特色是眼鏡般的葉片。大多數觀葉植物的外觀都比較樸素，捲葉榕卻有著給人強烈印象的蜷曲葉片，常有人「指名要買」。不過，因為生產困難，只有少數農家栽種，產量不多。喜歡的話，遇到時就趕快入手吧！

擺放位置

在觀葉植物中，屬於較喜歡照光的品種。需要有日照，適合「有窗邊空間的人」栽種。

培育方式

放在日照良好處，盆內土壤乾燥就大量澆水。日照量及水分不足，是造成落葉的原因之一。不過，澆太多水也會導致爛根。為了防止根部腐爛，培育祕訣在於給予植物「良好的環境」。

1將捲葉榕放在蛋形的時髦白色陶盆中，無論自然、現代、日式風格都能輕鬆駕馭。2栽種於有光線的地方時，捲葉榕會長出尖角狀的新芽，相當可愛。淺綠色的嫩葉，在陽光下顯得很漂亮。

小葉橡膠樹（鏽葉榕）

桑科／高度（含盆器）40～60㎝／盆器尺寸為4號

說到「容易種植的觀葉植物」，就一定會想到橡膠樹。小葉橡膠樹和普通的橡膠樹相比耐寒性較差，但是外觀比較高雅。特色是類型多樣，有桌上型的、也有莖幹彎曲的。只要更換盆器，就能變成「網美」植物喔！

擺放位置

需要日照，不過具一定的耐陰性，是很方便的室內綠植。若喜歡落地的尺寸，建議不要「從小開始種」，而是「一開始就選大的」。

培育方式

比起其他橡膠樹，耐寒性較差。減少澆水量的話，可以接受至5度左右的低溫，但建議在8度以上的環境中栽種。土壤乾了就可以澆水，吸水性較好。

莖幹彎曲的植物，彷彿能看出「表情」！

1小葉橡膠樹莖幹彎曲的方式相當藝術，宛如一件藝術作品。種在縱長形的盆器中，植物看起來會比較大。2每株的扭轉方式都很有個性，可以白牆當作背景來觀賞樹形，相當有趣。

可愛到讓人想收藏！

多肉植物&仙人掌

沉迷於可愛造型的人正急速增加中

「多肉植物」是葉、莖及根的組織內部都能儲存水分的植物總稱。雖然仙人掌也屬於多肉植物，但品種繁多，一般都會與多肉植物分開討論。

小型多肉植物及仙人掌不只會在園藝店販售，在雜貨專賣店、生活百貨賣場等都可以買到。不僅外觀可愛，親民的價格也是熱賣的原因之一。

接下來要介紹的主要是園藝店內販售的多肉植物，還有一些小型仙人掌。

各自擁有獨特豐富表情的多肉植物及仙人掌。前方盆栽為望雲柱，中間為七寶樹，後方則為黑騎士和景天樹。

1 充足的日照時間

仙人掌科、景天科、阿福花科、番杏科等大多屬於多肉植物，只有少部分是多肉化品種，因此嚴格來說有各自的栽培方式（詳見P76）。

不過，考慮到演化的過程，大多數植物都會為了適應乾燥地區而多肉化，因此栽培方式仍有共通之處。

首先，就是需要充足的日照時間。雖然也有不喜歡陽光直曬的品種，但仍然需要接受一定的日照。多肉植物不建議栽種在室內，白天可以放在戶外的半日照環境或窗邊，讓植物曬曬日光浴。

2 換盆簡單

幫多肉植物換盆很簡單（詳見P75），不需要特殊的工具，而且基本上只要用一般的培養土即可。最近，園藝店等處常見多肉植物及仙人掌專用的培養土，使用這類產品可以更加降低失敗率。

剛買回來的多肉植物如果是種在直徑約數公分的盆器中，等長到一定程度就可以換到大一號的盆器中栽培。

此外，小型仙人掌盆栽的土壤表面變硬的話，可以用指尖或工具將土壤挖鬆。換盆後就能健康成長了。相信相處時間久了，喜愛也會與日俱增。試著種看看特殊又可愛的多肉植物吧！

小型仙人掌種在空罐裡，有種普普風的感覺，可以找些可愛的罐子來試試。

順帶一提

即使不知道名字，仙人掌就是仙人掌

在園藝店，經常會看到在賣沒有取名的仙人掌，因為很多仙人掌在幼苗時期比較難判別品種。舉例來說，幼苗期看起來都圓圓的，看起來像一樣的品種，但有些會一直是圓圓的樣子，有些長大後卻會變成長形。此外，也會因栽種環境不同，造成顏色和尖角的長度有所差異。

有些店家甚至不使用原本的品種名，而是商業名稱。總而言之，就算不知道名字，仙人掌就是仙人掌，用心栽培就可以囉！

MINI

SUCCULENTS & CACTUS CATALOGUE

享受收集各式種類的樂趣！

多肉植物&仙人掌目錄

本篇匯集了一些在園藝店等處可以輕鬆取得的多肉植物及仙人掌。
不需要麻煩的照顧方式，是相對容易栽培的品種。一起來看看這些貼近日常生活、很有親切感的植物吧！

⑧ 黑法師

冬型種，蓮花掌屬。特色是帶光澤的黑紫色葉片，日照不足時會偏綠色。春、秋、冬都要照射充足的陽光，並且放在通風良好的環境；夏季則需在涼爽的半日照環境中。莖幹上方有蓮座狀葉叢，成長時會像花一樣整株往上伸展。

⑨ 戴倫

春秋型種，擬石蓮花屬。天冷時葉緣會轉為紅色，是很可愛的人氣品種。日照不足又澆太多水的話會有徒長的狀況，需注意日照及澆水量的平衡。具耐寒性，可接受－2度的低溫，冬季時不用擔心。

⑩ 花簪

春秋型種，青鎖龍屬。葉片為灰綠色底，帶有紅黑色斑點，令人印象深刻。屬於極耐熱且耐乾的品種，但還是要避免夏季的陽光直曬。日照不足會使節間拉長，莖部容易斷裂。可接受5度左右的低溫，冬季時需減少澆水量。

⑤ 琉璃殿

春秋型種，十二卷屬。葉片質感彷彿爬蟲類的皮膚，帶條紋的深綠色葉片重疊在一起，形成螺旋狀的蓮座狀葉叢。強健又好照顧，是很受歡迎的品種。喜歡光線柔和的環境，夏季時建議放在涼爽的散光處。直曬太陽會導致葉尖枯萎，需留意。

⑥ 黑騎士

春秋型種，擬石蓮花屬。在眾多同屬植物中，帶有獨特的黑色系葉片。接受充足日照後，就會變成深紫紅色。時髦的葉片顏色，很適合和其他植物搭配組合。不耐夏季高溫多濕的氣候，需放在通風良好的散光處栽培。

⑦ 黛比

春秋型種，風車石蓮屬。葉片呈霧面質感，顏色灰中帶紅。葉片轉紅時，整體的紅色會更加明顯。充足的日照可使葉片變得肥碩、健壯；相反地，若日照不足，葉片就會變成黯淡的綠色，並且失去蓮座狀葉叢的形狀。

① 醉斜陽

春秋型種，青鎖龍屬。飽滿圓潤的葉片很可愛！表面帶點絨毛，常曬太陽可以增加繁殖數量。隨著秋季的到來，整株會變得紅通通；冬季則會開出白色的小花。冬季需減少澆水量，看見葉片變皺再澆水就可以了。

② 花筏

春秋型種，擬石蓮花屬。強健且耐暑性佳的品種，大約半個月澆一次足量的水即可。只要有充足的日照，就能整年欣賞到漂亮的紫紅色葉片。但不耐高溫及陽光直曬，夏季時可放在半日照的環境栽培。通風不良、濕度過高的話，容易有爛根的情況，梅雨季節時要多注意。

③ 紅輝炎

春秋型種，擬石蓮花屬。分枝的同時會往上生長，帶有絨毛的葉片在天冷時會變紅。不耐夏季的高溫、濕氣及陽光直曬，需特別注意；冬季喜歡陽光直曬及通風良好的環境，可接受－1～2度的低溫，待在室內或寒冷地區都沒問題。

⑪ 紫麗殿

夏型種，厚葉草屬。照射充足的陽光會變成深紫色。春、秋兩季時，待土壤乾了再澆水，澆到盆底孔流出水的程度；秋、冬則是半個月～1個月左右澆一次水，讓土壤表面變濕即可。日照不足、水分不足、施肥過量，都會讓葉片的紫色出現不均勻的斑塊。

④ 紫珍珠

春秋型種，擬石蓮花屬。綠中帶藍且透著淡紫色的葉片是其魅力所在。乾燥期時，淡紫色會變得比較濃郁，看起來更加迷人！日照不足時，寬大的葉片會變得搖搖欲墜。濕熱的夏季對其是一大考驗，需特別留意夏季的擺放位置。

※各種類型的說明在P76。

多肉植物

01

隨著季節而變化的葉片好迷人！

#02

圓形、心形、刺刺的……各式各樣的形狀好有趣！

③ 七寶樹

春秋型種，黃菀屬。特徵是延伸成高塔狀的莖幹，及前端的小葉片。秋季到春季之間，會開出黃色的花朵。喜歡陽光直曬，通風良好的環境。和其他多肉植物相比之下較耐寒，偶爾也可以放在戶外曬個陽光浴。

② 月兔耳

夏型種，伽藍菜屬。細長的葉片上披覆著絨毛，看起來就像兔耳朵，此即名稱的由來。葉緣的斑點狀為其特徵。喜歡陽光，整年都可以擺放在日照良好的位置栽培，但若遇到盛夏的高溫，建議還是移動到半日照的環境。

① 神刀

夏型種，青鎖龍屬。進入夏季時，植株中心會開出許多小花。耐暑性佳，放在日照充足的位置栽培，可以促進生長。不過夏季還是要避免陽光直曬，可用蕾絲窗簾來調節日照。

⑥ 蝴蝶之舞

夏型種，伽藍菜屬。冬季時會從葉片之間長出莖部，並開出鈴鐺狀的紅花。耐寒性低，需要在5度以上的環境才能越冬。極耐夏季的高溫，但是過多的強烈日照和澆水量，都可能造成徒長，建議夏季可以擺放在半遮蔭的環境。

⑤ 心葉毬蘭

毬蘭屬。以「心葉毬蘭」、「愛心毬蘭」的名稱在市面上流通。需擺放在避開陽光直曬的明亮空間中栽培，土壤乾燥時就可以給予充足的水量。非常耐乾燥，葉片稍微出現皺紋也沒關係。冬季要減少澆水量。

④ 鷹爪

春秋型種，十二卷屬。原生於南非，特徵是葉片表面散布著白色的鱗片狀花紋。不論是高溫、低溫或強烈日照都能適應，是很容易栽培的強健品種。可以長得很高，還能從母株中分出許多幼株。

猛麒麟

夏型種，大戟屬，日本又稱為「勇猛閣」。帶有棘角，看起來就像顆仙人掌。新生的棘角為暗紫紅色，接著會轉變為黃褐色。不耐日照，無法適應夏季的陽光直曬，夏季時放在半遮蔭的環境會比較理想。3～5月左右會開花。

姬銀箭

春秋型種，青鎖龍屬。小小的葉片上覆蓋著絨毛，看起來就像天鵝絨一樣。需擺放在日照充足的環境中。不耐雨水，澆水時也要避開葉片。市面上也有人稱其「萬年草」。摘下新芽插入土中，很快就會發根，並且愈長愈多。

格林白菊

冬型種，仙女盃屬。據說葉片顏色是植物之中最白的，為仙女盃屬中的小型品種之一。需注意盛夏的高溫及寒冬的低溫。長大後會長出一根花芽，在葉子尖端開出黃色的小花。

姬玉露

春秋型種，十二卷屬，日本又稱為「雫石」。為了吸收光線，葉片頂端有透明的窗，在陽光的照射下會閃閃發亮，是很受歡迎的小型品種。不耐熱也不耐寒，需特別注意。2～6月會伸出莖部，開出白色的花朵。

美空鉾

春秋型種，黃菀屬。葉片細長青綠，粉白且有厚度，屬於強健的品種。澆太多水會使葉片呈散開的狀態，失去植株原本密集的樣貌。也有可以長到1m以上的大型品種。

大瑞蝶

春秋型種，擬石蓮花屬。鮮明的綠葉帶點白色粉霧，邊緣呈紅色。具耐寒性，初學者也能照顧。日照不足會使植株變得細長柔弱，需放在陽光充足的環境中。植株長大後，可待土壤乾燥，再澆到根部濕透的程度。

非洲霸王樹

夏型種，棒錘樹屬。仙人掌般的莖幹上有尖刺，頂端還有像鳳梨般散開的葉片。耐陰性不佳，需照射充足的陽光，並放在通風良好且明亮的位置。喜歡乾燥，澆水過量會造成爛根。

阿修羅

夏型種，星鐘花屬。棘角非常柔軟，用手捏捏也不會被刺到。1～2㎝粗的莖幹會隨著時間變長。讓幼株冒出來可以變成群生狀態，是個強健的品種。要避免陽光直曬，但還是最適合在明亮的地方。

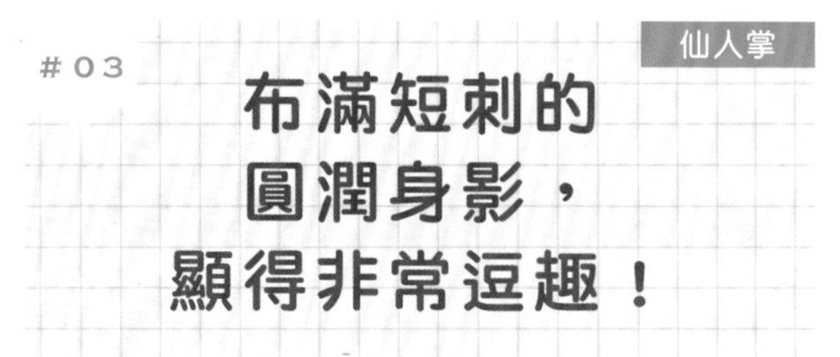

紫太陽

夏型種，鹿角柱屬。小型的柱狀品種。隨著成長，紫色的細刺會出現不同濃淡的條紋狀，是很漂亮的仙人掌。耐乾燥，也耐低溫，屬於非常強健的品種。植株不會長得太大，但是長大後會開出粉紅色的大花。

白星

夏型種，銀毛球屬。又名「羽毛仙人掌」，在日本也以「兔子臉頰」之名流通於市面。覆蓋著羽毛般的白毛，是很受歡迎的品種。夏季及冬季只要留意澆水狀況就可耐乾燥及寒冷，適合初學者。

希望丸

夏型種，銀毛球屬。具有細小乳突及刺座的球形仙人掌。表面覆蓋著白色軟毛，栽培狀況良好的話看起來會是全白的樣子。春季時會開出環狀的紫紅花朵。整年都擺放在日照充足的位置，會比較容易開花。澆水量要少一些。

月世界

夏型種，清影球屬。表面布滿白色的細刺，經常呈群生的狀態。因為摸到細刺也不會痛，比較容易照顧，所以頗受歡迎。不耐高溫多濕的環境，需擺放在通風良好的位置栽培。避免盛夏的陽光直曬，可以移到半遮蔭的位置。

【 BASIC PLANTING METHOD 】

基本換盆方法

首先確認土壤的狀態，需在乾燥的狀態下換盆。若土壤還很濕潤，需停止澆水，待土壤乾燥後再換盆。

多肉植物（黑騎士）、多肉植物＆仙人掌專用土。盆底網、盆底石、鋪面用的砂及小石頭、比幼苗大一號的盆器。

※請準備適合小盆器尺寸的栽培用具、鑷子、竹筷，還有作業時要鋪在底部的報紙等。

\ START /

1 將盆底網切成可以蓋住盆底孔的尺寸，並蓋在盆底孔上。

2 放入盆底石，將盆底孔完全蓋住。

3 放入些許土壤，高度約至盆器的$\frac{1}{3}$高。

4 用鑷子或竹筷將植株從育苗盆中取出，輕輕除去根系上的土壤，再放入盆器中。

5 根部朝下放入，讓莖幹底部的深度距離盆緣約1㎝。在植株的縫隙之間，填入與莖幹底部同高的土壤。

6 最後蓋上鋪面用的砂石，將土壤表面蓋住就可以了。

換盆後約1週內都要減少澆水量，之後再給予大量的水分，多到會從盆底流出的程度。

/ FINISH \

確認多肉植物的種類後，再以適合的日照和澆水量照顧！

認識種類後，栽培更容易！

多肉植物的原產地分布於世界各地，並非局限於乾燥地區，有雨季或是經常起霧的地區也會有多肉植物。因此，在日本栽培也沒辦法一概而論。

多肉植物大致上可區分為三大類，分別是「夏型種」、「冬型種」、「春秋型種」。簡單來說，「夏型種」就是夏季生長的類型；「冬型種」是冬季生長的類型；「春秋型種」則是在氣候穩定的春、秋季生長的類型。以下將介紹適合各個種類生長條件的栽培方式。

夏型種

和一般植物相同，生長期在春季到秋季，冬季為休眠期。園藝店等處販賣的多肉植物大多是這個類型。

春季需要充足的日照及適量的水分。夏季要避免陽光直曬，需要遮蔭，並給予適量的水分。秋季和春季一樣，需要充足的日照及適度地澆水。冬季可以放在室內的窗邊，給予少量的水分即可。

冬型種

和夏型種相反，生長期在秋季到冬季，夏季為休眠期。因為原產地在寒冷、涼爽的地區，所以不適應日本的夏季，栽培時需稍微費心。

春季需要充足的日照，但是需要的水分偏少。夏季需要遮蔭，且不需要澆水。秋季和春季一樣，需要充足的日照及少量的水分。冬季則需放在明亮的窗邊，給予充足的水分。

春秋型種

休眠期在夏季及冬季，在氣候穩定的春季及秋季才會生長的類型。照顧方式可以比照夏型種，但是日本的夏季較炎熱，還是讓植物休眠比較好。

春季是成長期，需要充足的陽光及適量的水分。夏季需要遮蔭，少量澆水即可。秋季也是成長期，日照和澆水量都比照春季。冬季又會進入休眠期，可以放在窗邊，給予極少量的水分即可。

肥料

多肉植物的原生環境大多為乾燥的荒地，基本上不需要施肥也能栽種。

若過度施肥，可能造成徒長，變成節間過長的樣子。

換盆時，使用緩效性肥料就可以了。

日常養護

日照不足時，會造成徒長，葉片色澤狀態也會變差。盡可能經常將多肉植物放在室外，接受充足的日照。

盆內長滿之後，可以再換到大一號的盆器中。種好幾年都不換盆，土壤會劣化，建議至少一年換一次盆。

澆水相關注意事項

葉片形狀像湯匙的品種，上方容易積水，並從中孳生細菌。除此之外，水珠會產生放大鏡般的效果，使植株曬到太陽時造成葉片灼傷。

因此，特別是在夏季澆水的時候，需要注意不要直接將水澆到植株上，可以改用細口的澆水壺，對著莖幹底部的土壤澆水。

在此推薦給大家另一種安全的澆水方式，就是「浸盆法」。

在洗臉盆等容器中儲放數公分深的水之後，再將多肉植物連同盆器一起浸入洗臉盆中。這麼一來，就可以確保土壤表面及多肉植物都不會直接澆到水，讓土壤從盆底吸收足夠的水分。浸泡時間因盆器尺寸而異，小型盆器泡20分鐘左右就足夠了。夏季時，建議可以在涼爽的傍晚進行。

另外，有的品種在夏季的時候不需要澆水，即使葉片失去彈性也不用太擔心，這時務必壓抑自己想要澆水的衝動。等到秋季澆水時，植物就會恢復到生意盎然的模樣了。

浸盆意即在容器中倒入數公分高的水，再將盆器浸入容器中約20分鐘，讓土壤從盆底孔將水分吸上來。

使用市售的「胴切苗」，就
能輕鬆增加許多品種。

【 HOW TO INCREASE SUCCULENTS 】

多肉植物的繁殖方式

多肉植物的繁殖方法很簡單。將許多小苗進行混植，就能享受到搭配的樂趣了！

扦插繁殖

將節間過長的莖幹從頂端剪下，預留1cm左右的莖部。將切口風乾，在完全不澆水的狀態下靜置一段時間。雖然倒放也會發根，但是直立插入可避免莖部彎曲，能種得比較漂亮。放在通風良好的半遮蔭或全遮蔭環境中1～2週，待切口附近發根，再種入盆器中。剛種進盆器中的1週內，要減少澆水量。

被切除的莖部也會長出新芽。

葉艀繁殖

利用從植株上脫落的葉片來繁殖。在淺盤中放入乾燥的土壤，並將葉片放在土壤上就可以了！不需要澆水。待其發根、長出嫩芽後，再放到可以曬到太陽的位置，以土壤覆蓋根部，給予少量水分即可。

幼苗長大後，就可以種入盆器中了。這時，原本的葉片若成乾枯狀態，需將其摘除。

「葉艀」是將葉片放在土壤上，不需要往土裡插。

插在玻璃花器中，就成了可愛的裝飾！

ARRANGE

簡單！
時髦！

多肉植物&仙人掌+雜貨的搭配

除了單純欣賞植物慢慢成長的姿態之外，
試著挑戰一下利用可愛的植物做搭配吧！
以多肉植物搭配精挑細選的雜貨，
打造出時髦的空間。

+簡約餐盤

只是將不同種類的植物排列在裝飾盤上，就能讓整體外觀為之一變。

將直徑約3cm的小盆多肉植物放在顏色鮮豔的餐盤上，只要集合排列就好。以盤子為背景，更能突顯出形狀各異的葉片，可愛度大幅提升！欣賞一陣子後，再移植到更大的盆器中吧！

使用植物

擬石蓮花屬、佛甲草屬。

盤子尺寸

直徑：約15cm。

+ 蛋架

雞蛋與迷你盆的尺寸感覺剛剛好！

在原本用來放蛋的架子上，分別擺上樣貌獨特的多肉植物，看起來就像擺飾，能從各個角度欣賞盆栽。因為可以直接澆水，也不用擔心盆器倒了土會灑出來。

使用植物

厚葉石蓮屬「立田」、擬石蓮花屬「藍蘋果」、風車草屬「姬朧月」、佛甲草屬「銘月」、佛甲草屬「戀心」。

蛋架尺寸

直徑：約20cm，高度：約40cm。

懸掛容器

綠意在空中擺盪，帶來清新的氛圍妝點室內空間！

擁有細繩般獨特樣貌的絲葦，又被稱作雨林仙人掌。可以放在用鏈條懸掛的容器內，欣賞其垂落的姿態。容器可以從外框中拆下來使用，直接擺放也有種自然的氛圍。

使用植物

絲葦。

容器框架尺寸

約16cm×15cm，高度：約35.5cm（最高處）。

埋在左右兩側的是仙人掌造型的蠟燭。進行現今流行的陽台豪華露營時，可以試著點亮看看！

+ 橫長托盤

以銀色長盤搭配白色石礫，營造出度假氛圍！

種入充滿個性的仙人掌後，再鋪上裝飾用的砂礫增添清涼感。看著外型獨特的仙人掌排列在長盤上，彷彿在欣賞一幅畫作。仙人掌的根系柔弱纖細，種植時要小心不要切到根部。

使用植物

銀毛球屬「銀手毬」、金琥屬「金鯱」、大戟屬「峨嵋山」、錦繡玉屬「英冠玉」等。

容器尺寸

約61cm×15.5cm，高度：約3.5cm。

+ 錫製容器

錫的質感與多肉植物非常相配，具有設計感！

在附提把的錫製容器中，放入造型各異其趣的多肉植物進行組合搭配，就能自成一幅風景。錫器等非園藝專用的容器底部沒有開孔，澆水後要記得倒掉多餘的積水。

使用植物

伽藍菜屬「寬葉黑兔」、青鎖龍屬「方鱗若綠」、銀波錦屬「銀波錦」、銀波錦屬「福娘」等。

容器尺寸

約25cm×15cm，高度：約7cm（不含提把）。

空氣鳳梨

不需要土壤 只要有陽光及水就能栽種的奇妙植物

不同於盆栽的魅力——空氣感！

「空氣鳳梨」又稱作「空氣草」、「鐵蘭」，是鳳梨科鐵蘭屬植物的總稱。空氣鳳梨有各式各樣的種類，原產地遍布在沙漠地區、熱帶雨林、高山地區等多樣化的環境。栽種時需要稍微費心，分別瞭解其特徵。

本篇將簡單介紹「如何盡可能延長壽命的栽培方式」，適用於所有的空氣鳳梨。

←
不需要土壤也能栽種，可以種在沙子、石礫、珊瑚等物質上。布置時，能享受各種組合搭配的樂趣（由左至右為小三色、韋利奇亞納、普魯摩沙）。

1

需要水與陽光

空氣鳳梨之所以稱作空氣草，是因為經常會看到其附著在樹木或岩石上生長，看起來好像不需要土壤或水分就可以生存，加上其生長速度緩慢，枯萎過程較久，不容易察覺到變化，所以給人一種「放著不管也會活」的印象。

但是，空氣鳳梨其實仍然需要水和陽光才能生存。空氣鳳梨的原產地大多是高濕度、多風的環境，且會不停落下含有養分的雨水及霧氣。因此，不需要在土裡生根，也能吸收水分及養分，並以此維生。

在室內環境中，沒有人類給予的水分及養分，植物是無法生存的。若放在桌面上不管，時間到了還是會枯萎。

不過，照顧空氣鳳梨並不特別困難或辛苦。只要用心傾聽從故鄉遠道而來的空氣鳳梨的需求，就能更長久地陪伴彼此。

2

自由自在的搭配

幾乎所有空氣鳳梨都屬於「附生植物」。附生植物指的是不用從根部吸收，從葉片就能吸收水分及養分並以此維生的植物。其根部緊貼在樹木或岩石上，只是為了固定。

換言之，栽種空氣鳳梨基本上不需要土壤。若想以盆栽的形式栽種，在盆器中放入石頭、樹脂等都可以。直接擺放在盤子上，或是用繩子綁住後懸掛起來，也能栽種。

空氣鳳梨的造型獨特，可以選擇喜歡的種類進行搭配，當作室內布置，享受自由發想的樂趣。

TILLANDSIA CATALOGUE

以不同的裝飾方法改變室內氛圍

空氣鳳梨目錄

雖然也有長得很相似的品種，不過空氣鳳梨各自有其獨特之處。
一起來欣賞空氣鳳梨充滿藝術感的造型及葉片顏色吧！

① 卡比他他

園藝品種眾多，花的顏色多樣，有黃色、栗色、蜜桃色、紅色、橘紅色等。日照不足時，常有徒長的狀況，要盡量擺放在可以照到太陽的位置，但需避免陽光直曬。不耐低溫，冬季時請放在8度以上的環境中照顧。

② 海膽

海膽同類中的基本品種。葉片纖細，澆水後很快就乾，容易照顧。不太耐熱，夏季要放在涼爽的位置栽種。若葉尖開始枯萎，可能是因為澆水量太少，可以增加澆水的次數。

① 酷比

外型輕巧且恰到好處，因而受到許多人喜愛。對高、低溫及乾燥環境的接受度相對較高，屬於很容易照顧的入門品種。較不耐夏季濕熱，夏季時需放在通風良好的位置。會開出淡粉色及時髦的紫色花朵。

② 哈里斯

容易栽培的入門款。有著美麗的銀白色葉片，紅色花苞會開出紫色的管狀花朵，具有高度的觀賞價值。約每週2～3次以噴霧的形式對葉片澆水。葉片容易折斷，拿取時要小心。

③ 韋利奇亞納

特色是有著柔軟且觸感舒服的銀白色葉片。很容易變乾，喜歡高濕度的環境，要給予大量的水分。相對耐寒，但是不耐高溫，所以夏季要放在通風良好的位置。開花時，會從粉紅色的花苞中開出紫色的管狀花朵。

① 洋蔥頭

有許多變種的品種。捲曲的黃色花朵非常獨特，雖然沒有香氣，但是全部一起綻放時非常可愛。需要在稍微偏乾的環境中栽培，栽種訣竅是讓其發根。

② 貝可利

特色是有著薄薄的葉片，開花時會整株變成紅色。非常喜歡水分，能維持溼度條件的話會長得很好，建議以盆栽的形式栽種。生長速度很快，開花時葉片會轉紅，並從中心開出紫色的管狀花朵。

③ 小三色

從空氣中吸收水分的效率很好，所以耐乾燥，但缺點是水分過多容易腐壞。澆水後要甩一甩瀝乾，葉片根部不要殘留水分。需放在通風良好、沒有陽光直曬的散光處。

④ 斜角巷

澆水及日照條件不需要特別費心，但比較怕熱，夏季時最好放在涼爽的遮蔭處。生長速度慢，開花期時整體會變成金色，並開出白色的花朵。

⑤ 松蘿

有許多變種，有的品種葉片肥厚，有的則如髮絲般纖細。可以懸掛在避免陽光直曬且明亮的窗邊，多噴一些水以免太過乾燥。會開出綠色帶有甘甜香氣的小花。

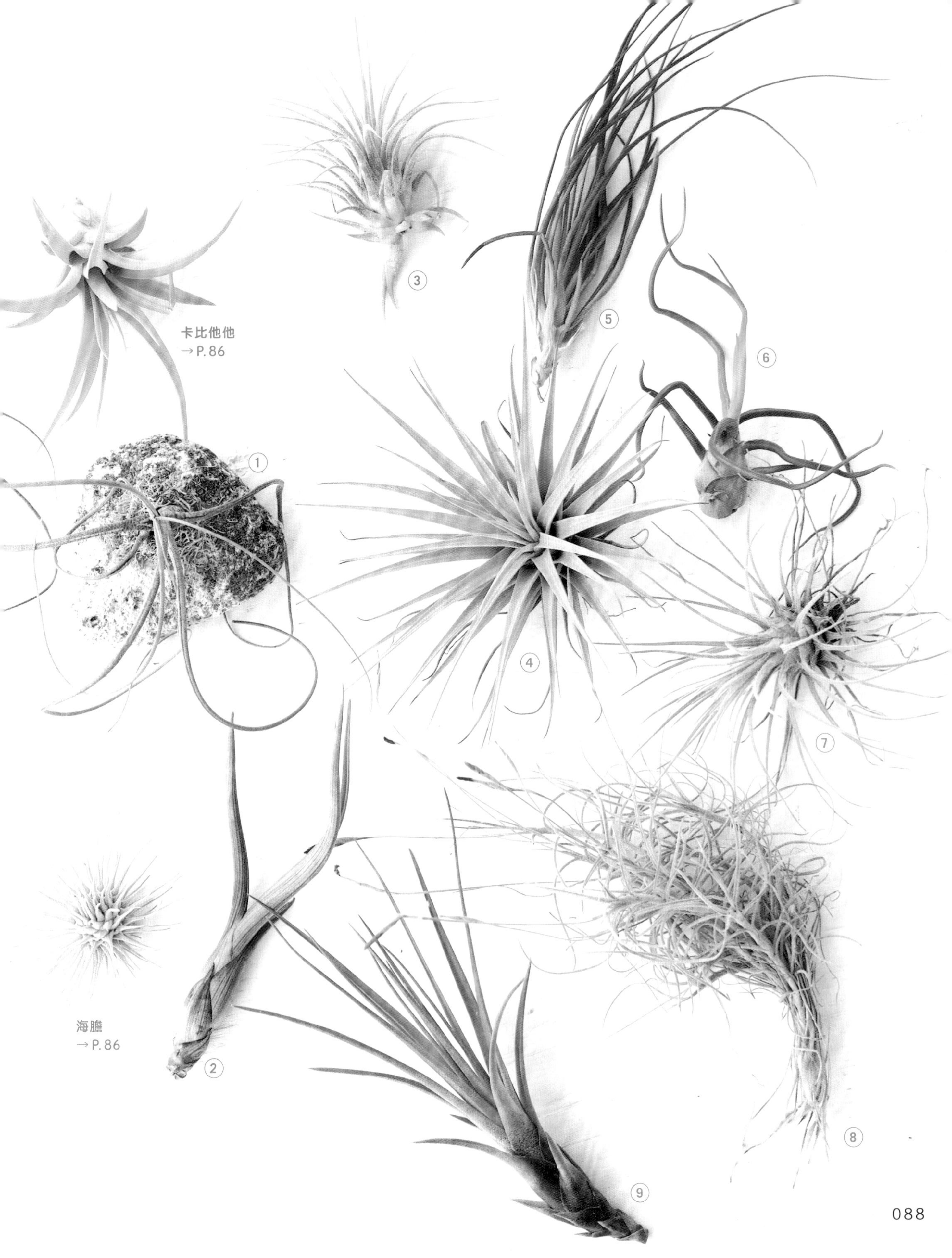
卡比他他
→ P.86
③
⑤
⑥
①
④
⑦
海膽
→ P.86
②
⑧
⑨

① 虎斑章魚

容易入手的品種之一。喜歡高溫，澆水量可以多一些。會開出紫色的花，具有開花後容易長出許多子株的特性。放置在隔著蕾絲窗簾照光的位置較為理想。

② 大天堂

學名為「Tillandsia pseudobaileyi」，意即「假的baileyi」，因為長得像貝利藝而得名。葉片非常堅硬，上頭的直條紋非常美麗。生長速度很緩慢。

③ 小精靈

空氣鳳梨的代表性品種。有許多變種，以小精靈為名流通在市面上的大多是墨西哥小精靈及瓜地馬拉小精靈。需放在明亮且通風良好處栽培。成長速度快又強健，適合初次種植空氣鳳梨的新手。

④ 血滴子

在分類上非鐵蘭屬，而是鶯歌屬。需避開盛夏的陽光直曬及高溫，建議放在通風良好且明亮的地方。耐乾燥，澆水頻率大約3天1次，以噴霧形式澆水即可。會開出紅色的花朵。

⑤ 多國花

生長速度快，容易開花，栽種方式也很簡單，適合初學者。澆水方式是以噴霧器將整株噴濕，吸飽水分。根部容易積水，放置不管容易造成水傷，因此澆水後要記得倒過來，將多餘的水分瀝乾。

⑥ 小章魚

原生環境是有遮蔭的灌木林及樹上等濕地，屬於喜歡潮濕的類型。絕對不能太乾燥，比較適合放入土壤中栽種。葉形彎曲，開花時花序會變成紅色，花朵為管狀的紫花。

⑦ 普魯摩沙

喜歡潮濕，可以放在高濕度的環境，或是放在通風良好的地方，並增加澆水量。不太耐熱，需移到涼爽的地方。開花期會從粉紅色的小花苞中開出綠色的花朵。

⑧ 藍花松蘿

在合適的環境中會不斷繁殖，開出帶有香氣的紫色花朵。確認植物乾了即可澆水，水量可多一些。在較耐乾燥的時期，可大約每週1次浸泡（詳見P91）在儲水的容器中。

⑨ 三色花

建議在盆器內放入輕石，讓根部可以儲水，並放在明亮的位置栽培。強健且好照顧，初學者也可以照顧得很好，是值得推薦的入門品種。有紅、黃色的花序及紫色的花，因此命名為三色花。

MEMO

為了延長植物壽命，要輕柔地澆水

兒童繪本或動畫中，常看到小生物在下雨時用堅固的植物葉片當作雨傘。對虛弱嬌小的生物而言，水滴又大又重，相當危險。這點對於嬌小植物的葉片也一樣。

用大的澆水壺一口氣澆很多水，會讓纖細的莖幹折斷，或使葉片被土濺傷。對植物而言，土壤被翻動也是很困擾的狀況。因此替嬌小的植物澆水時，要從莖幹根部輕柔地澆水。為此需要準備細口的澆水壺，或是用注水口較細的茶壺代替。有些植物需要在葉片上噴霧來保持濕潤，因此噴霧器也是不可或缺的工具之一。

滿足三個條件：「柔和的光線」、「充足的水分」、「適度的通風和溫度」！

掌握照顧方法，再找喜歡的空氣鳳梨吧！

雖然空氣鳳梨不需要土壤，但想要其健康成長，仍然需要照顧。照顧方法並不麻煩，只要滿足三個條件就可以了。

這三個條件就是「柔和的光線」、「充足的水分」，以及「適度的通風和溫度」。只要注意這三點，就不會讓空氣鳳梨快速枯萎，可以長期欣賞了。

空氣鳳梨的品種多達數百種，外型各有千秋。瞭解照顧方法後，試著從中找尋自己喜歡的空氣鳳梨吧！

通風

對空氣鳳梨來說，最重要的就是通風，但風力太強可能讓空氣鳳梨過度乾燥。理想的空氣流動程度，是在澆水後12小時內能讓植物表面乾燥。

若栽種在室內的話，夏季澆水後要開窗，讓空氣鳳梨接觸流動的風。如果葉片表面一直處於潮濕狀態，可能造成腐爛。在沒辦法開窗的情況下，用電風扇或循環扇以弱風對著空氣鳳梨吹，也是一種辦法。

日常養護

已經枯萎至根部的葉片可以直接捏起來拔除。如果只有葉尖乾枯變色，可以用剪刀將尖端的部分剪除。

MEMO

只要照顧得好，有機會看到花喔！

許多空氣鳳梨只要照射到充足的陽光、植株也夠大時，就會抽出花芽。花朵的顏色大多很鮮豔，會讓人聯想到美麗的鳥兒。將空氣鳳梨培養茁壯，可以期待目睹其開花的樣子。開花前後可以施予液態肥料。

肥料

基本上不太需要施肥。

如果希望快點長大的話，可以在春、秋兩季給予稀釋到非常淡的液態肥料，並且比照澆水的訣竅，用噴霧的方式施肥。

澆水

「空氣草」這個名字會讓人誤以為空氣鳳梨不需要澆水，但其實空氣鳳梨只是很耐乾燥，本質上還是一種喜歡水的植物。

有些品種可以每天澆水，不過大多數品種大約每週澆水2～3次就可以了。澆水時，請將植物整體打濕，給予充足的水分到會滴水的程度。

若擔心澆水時把室內環境弄濕，可以在室外或浴室等處澆水，或是在稍微弄濕也沒關係的地方用噴霧器澆水。如果澆水後12小時內表面沒有變乾，空氣鳳梨會因為無法呼吸而衰弱，需特別注意。

此外，冬季的水如果太冰，會對空氣鳳梨造成損傷。傍晚氣溫開始下降後，就不要再澆水了。建議在上午澆水，下午讓植物風乾。

若氣溫經常降到10度以下，請將澆水頻率降到每週1次的程度。

浸泡

在洗臉盆等處儲水後，將空氣鳳梨浸入水中，讓其吸收水分的方式。當空氣鳳梨過於乾燥而有些虛弱時，可以試試看這個方法。如果日常都有給予充足的水分，就不需要使用浸泡。

浸泡時間約6小時。和平常澆水的道理一樣，不能任其浸泡12小時以上。此外，要盡可能在室溫較高時進行。

光線與溫度

空氣鳳梨在原始的生長環境中，大多附生在森林中的樹木或岩石上，因此喜歡從樹梢間灑下般的柔和光線。雖然有些品種會在陽光直曬下成長，但是通常同時受到涼爽的風吹拂。若是栽種於室內，切記不要長時間受陽光直曬。

夏季遇到高溫且無風的狀態時，就需要進行遮光。冬季被陽光直曬並無大礙，不過還是要盡可能地放在離窗戶1m外的明亮處。溫度則要控制在10～30度，超過30度會讓空氣鳳梨變虛弱，需要移至涼爽的位置。

空氣鳳梨在10度以下仍然可以生存，不過會停止生長，所以澆水頻率要減少到每週1次。一天之中有溫度變化可以促進成長，對空氣鳳梨來說反而是好事。擺放在白天溫暖、晚上氣溫下降的環境中，空氣鳳梨會長得很好。

讓人
想要模仿！

DISPLAY IDEA

空氣鳳梨的展示靈感

空氣鳳梨具有附生植物的性質，
固定在物品上會長得比較好。
推薦使用漂流木及輕石，
營造日常感，當作擺飾來欣賞。

澆水頻率為每2～3天1次，以噴霧器給予葉片充足的水分。若要用浸泡的方式澆水，可以連同漂流木一起浸入水中。

DISPLAY IDEA 1

固定在漂流木上

材料

血滴子、漂流木、鐵絲（推薦使用柔軟且不顯眼的花藝鐵絲）、牙籤等細籤、螺絲起子。

※螺絲起子是為了在柔軟的漂流木上鑽孔。如果要在硬板材上施作，請使用電鑽或錐子。

1

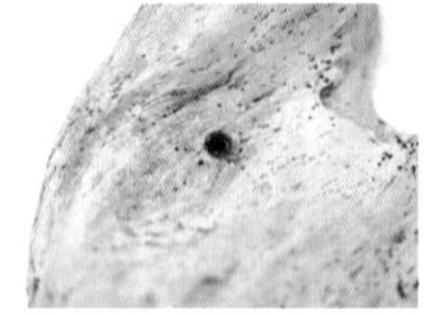

用螺絲起子在漂流木上轉動，鑽出大小合適的孔。

2

用鐵絲勾住空氣鳳梨的葉片，纏繞根部時注意不要讓葉片凹折或斷裂，再將鐵絲扭成一個底座。

3

將纏繞空氣鳳梨的鐵絲從正面穿過漂流木的孔，接著在背面用細籤等工具固定就完成了！

DISPLAY IDEA 3

利用湯勺

直接將空氣鳳梨放進湯勺即可。手柄彎曲處可以用來懸掛，方便展示。即使沒有彎曲的部分，也能利用柄上的洞掛在鉤子上。

使用植物

棉花糖。

DISPLAY IDEA 2

固定在輕石上

仿照漂流木的方式，在輕石上開孔並將空氣鳳梨固定。固定在輕石上很穩定，能放在任何地方，直接放在盆器中也很可愛。商店販售的空氣鳳梨多少都有點偏乾，給予充足的日照及水分就能讓其恢復精神了。

使用植物

（由左至右）虎斑章魚、哈里斯。

DISPLAY IDEA 4

放在層架上

將空氣鳳梨放入盆器中，擺放在層架或書架上展示。和喜歡的日用品擺在一起，就能讓布置品味更上層樓。如果照不到陽光的話，要常常拿到日照充足的地方曬點日光浴。

使用植物

（中間）霸王鳳。

DISPLAY IDEA 5

放入容器中懸掛

養在空中也是很棒的想法。放入可以懸掛的玻璃容器中，就成為了充滿亮點的裝飾品！玻璃容器在生活百貨商店或網路上都能買到。

使用植物

（右）松蘿、（上方玻璃容器）小章魚、（下方玻璃容器）斜角巷。

CHAPTER 3

點綴空間、打造舒適感的

中型&大型觀葉植物

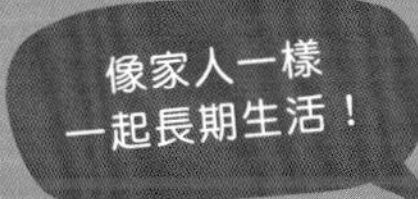

栽種在家中的象徵樹

說到「象徵樹」，
大家容易聯想到種在庭院裡、具有象徵性的大樹。
不過，在家中有棵「具有存在感的樹」，也可以成為很棒的象徵樹。
會守護著家人們，並令人感到舒心。
本篇將介紹稍微大一點的「中型」觀葉植物，
以及一個人也搬得動、容易照顧的「大型」觀葉植物。

立刻就想入手！讓房內熠熠生輝的植物

中型&大型觀葉植物目錄

中型和大型的觀葉植物不僅能讓人享受到「栽培」的成就感，還有「裝飾」的功能，
讓住家更加時髦、舒適。因此，葉片、枝條和樹形的美感相當重要。

#01

獨特又美麗的葉片充滿了魅力！

荷蘭鹿角蕨

高度：約50 cm

別名為蝙蝠蕨及鹿角羊齒的水龍骨科植物，是非常強健又容易栽種的品種。植株根部展開的「儲水葉」可以儲存水分，所以不需要過度澆水，土壤乾燥後再給予充足的水分即可。喜歡高溫多濕的環境，可以用噴霧器在葉片及植入土中的部分都噴點水。儲水葉像塊海綿，有儲藏水分及養分的功能，因此即使乾枯也不要將其拔除。

葉片背面帶有孢子，所以會有霧面感。葉片通常為綠色，壽命到了會轉為褐色，並從根部脫落。

鉑金蔓綠絨

高度：約40cm

天南星科蔓綠絨的園藝品種，近期才開始在市面上流通。帶有白斑的葉片很美，頗具高級感的姿態很受人喜愛。在日照不足的地方，葉片色澤會變差、植株變虛弱，因此整年都要擺放在可以照射到溫和陽光的位置。直接吹到空調的風會對植株造成損傷，需避免置於風口。愈舊的葉片，顏色會愈趨向深綠色，非常有趣。

葉片美麗的顏色及斑紋形成對比，很值得欣賞。

※中型盆栽的尺寸為6～7號盆，大型為8～10號盆。
※高度標示都是包含盆器的數值。考慮到個體差異，標示高度僅供參考。

伴隨著成長出現的裂痕及孔洞，是其魅力所在。

龜背芋

高度： 約65cm

天南星科的觀葉植物，是龜背芋屬植物中最大的品種，特徵是帶有裂痕的大型葉片。市面上販售的尺寸為40cm～2m。不想讓其長太大的話，可將伸出的氣根（從莖幹延伸而出的根系）切除。冬季可以擺放在隔著玻璃能照射到充足陽光的位置；夏季則是放在能隔著蕾絲窗簾能照射到陽光的位置。無法適應急遽的溫度變化，要注意擺放處不能直接吹到冷氣或暖氣的風。

白鶴芋「Merry」

高度： 約85cm

天南星科白鶴芋的園藝品種之一。喜歡濕度高的環境，除了往盆器內澆水之外，還要對葉片噴霧。5～10月會開出帶有純白佛焰苞的美麗花朵。想要讓其開花，需讓室溫維持在15～20度。冬季若能維持在這個溫度，就整年都能賞花了。最低耐寒溫度為8度左右，冬季在沒有暖氣的空間時要特別注意。

※白鶴芋對貓來說有毒，誤食會危害健康，有養寵物的讀者請特別注意。

花的白色部分（佛焰苞）變成綠色時，要盡快剪除。

葉片容易積灰塵。噴霧之後，可以用紙巾將葉片擦拭乾淨。

白斑合果芋

高度： 約40 cm

天南星科，帶有大理石斑紋的葉片美麗又強健。在室內也能長期欣賞。盛夏的強烈日曬會使葉片灼傷，需擺放在明亮的散光處。土壤表面乾燥3～4天後，就可以給予大量的水分，要多到會從盆底流出的程度；冬季則要限制澆水量。若出現根系滿盆的狀況，根部附近的葉片會開始脫落，大約1～2年就需換一次盆。

白斑占葉片一半的是「半月」（如左圖），整片都變白色的是「滿月」（如下圖）。栽培過程中可以欣賞到各種花紋的葉片，非常有趣。

#02

富有顏色變化的奇妙葉片！

白油畫竹芋

高度： 約50 cm

竹芋科的疊苞竹芋原生於熱帶美洲，大約有300種。其中白油畫竹芋的葉片帶有許多白斑，背面呈紫色，是非常華麗的品種。放在明亮的半日照環境中，可以維持葉片美麗的姿態。春季到夏季時，土壤表面乾燥就要給予大量的水分；冬季則是以偏乾燥的方式照顧。有時候會突然返祖，失去斑紋，這並不是生病，而是一種生理現象。

白斑的部分有個體差異，每一片都不太一樣。白、綠之間帶點微微的粉色，看起來很清涼。

葉片背面的紫色也是特色之一。葉片變大之後，會有綠、白、紫三種顏色，非常漂亮。

#03

以柔軟枝條描繪出美麗曲線！

扇芭蕉

高度： 約170 cm

旅人蕉科。非常容易照顧的品種，類似香蕉葉大小的葉片非常有熱帶氛圍。可放在半日照的環境中，不過放在陽光直曬處，葉片會出現光澤。土壤表面乾燥後就可以澆水，澆到水從盆底流出的程度。放置在良好的環境會讓根系發展旺盛，造成滿盆的狀況。換盆的頻率大約2～3年一次。

愛心榕

高度： 約165 cm

桑科，原產於熱帶非洲。帶有心形的葉片，是很受歡迎的品種。喜歡半日照的環境，建議擺放在透著蕾絲窗簾照光的窗邊，或是只有中午前會有陽光直曬的位置。在室溫15度以下時要減少澆水量，可以幾乎不澆水。葉片上容易積灰塵，可用噴霧器對葉片噴點霧水。葉片背面也確實噴霧的話，能防止病蟲害。通風不良容易發生病蟲害，需多注意通風的狀況。

高山榕

高度： 約190 cm

和桑科的橡膠樹是同類，特徵是帶有黃色斑紋的亮綠色葉片。具有一定的耐陰性，只要放在有陽光直曬的窗邊，整年都會成長。感覺有些虛弱的時候，可以移到室外的散光處2～3天，曬點日光浴。春、夏兩季時，土壤表面乾燥後就可以大量澆水；冬季則是每週澆水1～2次即可。定期對葉片噴霧，可以預防葉蟎等蟲害。

※皮膚直接碰到橡膠樹液會引發皮膚炎或蕁麻疹等，高山榕也是如此。擔心的話，可以在修剪時戴上手套，注意不要讓樹液直接碰到皮膚。

小豆樹

高度： 約240 cm

豆科植物，有一定程度的耐陰性，但是日照不足還是會枯萎，建議擺放在日照充足的窗邊照顧。春季到秋季時，土壤表面變乾就可以給予大量的水分，氣溫降低時就不需要澆太多水，待土壤表面完全乾燥後2～3天再澆水即可。喜歡水分，全年都要注意是否有缺水的狀況。和同樣是豆科的合歡一樣，入夜後葉片會閉合進入休眠狀態，這是為了在晚上防止水分從葉片蒸發。

MEMO

\ 懸掛中型觀葉植物 /

透過懸掛植栽，讓平凡的房間瞬間變成時髦的空間

懸掛稍微大一點的多肉植物，會帶給人一種都會印象，感覺非常時髦。在咖啡廳和餐廳經常看到這樣的布置。想讓房間內多點綠意的話，非常推薦大一點的懸掛植栽！

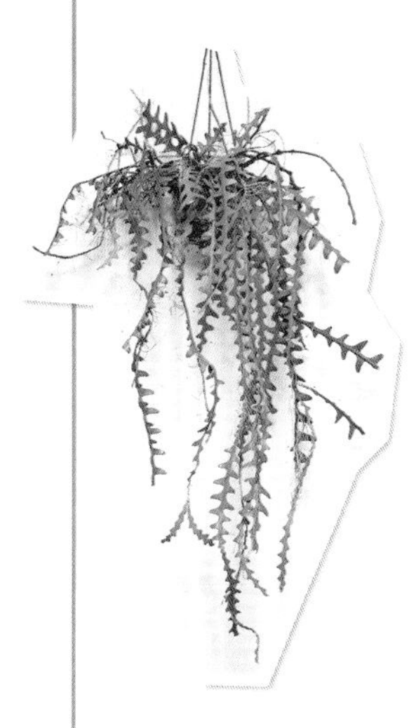

蕨蓮

春秋型種，仙人掌科曇花屬。又名「鯊魚劍」、「魚骨令箭」。喜歡日照良好且避免陽光直射的環境。若葉尖變得細長，可能是因為日照不足。澆水狀況依季節調整。春、秋兩季只要土壤乾燥，就要給予充足的水分；夏季因為生長較緩慢，看到土壤表面乾了之後，過1～2天再澆水即可；冬季為休眠期，幾乎可以不澆水。當植株長大到一定程度，就可以在初夏欣賞到與月下美人（曇花）相似的花朵了。

雨林仙人掌

春秋型種，仙人掌科絲葦屬。有著纖細的分枝，以垂落的方式生長。不會往橫向生長，即使放在小空間內也不會有壓迫感。不耐陽光直曬，最好放在隔著窗簾的明亮散光處。澆水量偏少，在春、秋季的成長期，待土壤乾燥後3天，在中午前給予大量水分；夏季則是在傍晚澆水，水量要稍微減少；冬季在回暖之前，水量都要減少，偶爾用噴霧給葉片補水即可。進入開花期，會從葉尖開出可愛的花朵。

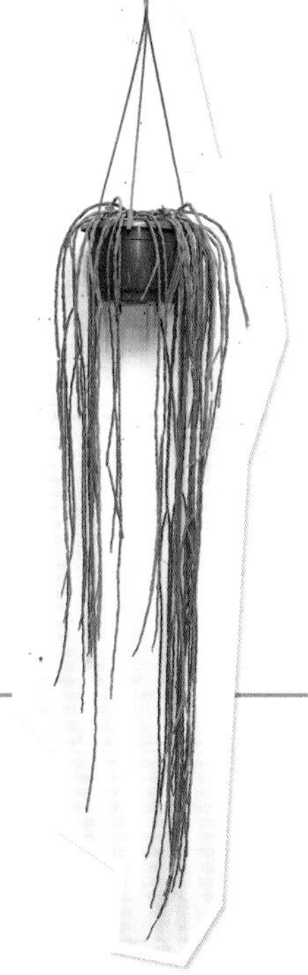

非洲王子榕

高度：約200 cm

桑科，建議放在光線柔和且通風良好的位置栽培，避免直接吹到空調的風。在較暗的地方也能栽種，但是太暗的話葉片顏色會變淡，植株也長不高。土壤表面乾燥後就可以澆水，澆到水會從盆底流出的程度。冬季時，則要慢慢減少澆水次數。接水盤積水是造成爛根的原因之一，要記得倒掉積水。在榕樹之中，算是非常好養的品種。

從5號
到7號！

【 BASIC PLANTING METHOD 】

基本換盆方法 | 1 | 中型觀葉植物

換到大一號的盆器中，舒緩「滿盆」的狀況。這樣一來，植物就能繼續順利成長了。

\ START /

1 將盆底網放入新的盆器中蓋住盆底孔，放入盆底石，將盆底孔完全蓋住。

2 將植株從舊盆中輕輕取出。如果根系纏得很緊，拉不出來的話，可以用手輕敲盆緣。

如果還是拉不出來，可以用槌子輕敲。

3 用挖土棒刮下表面的土壤。

4 將挖土棒插入根系之間，一邊將土壤刮下，一邊將根系鬆開到半緊的程度。

葉片的份量比盆器大的話，可能盤根情形嚴重。

材料

植物（龜背芋）、新盆器、盆底網、盆底石、觀葉植物用培養土、挖土棒（竹筷也可以）。

【便利工具】

槌子。

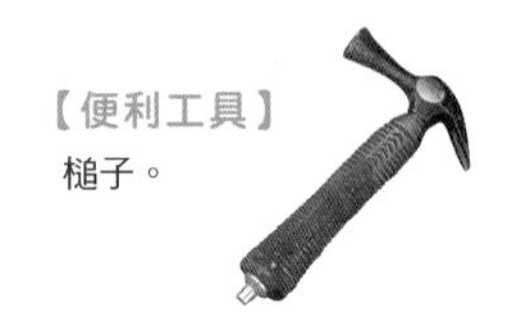

5 暫時放入新盆，確認根系底下要放多少土量。

6 將土壤放入新盆中。根部放入盆中時，莖幹底部的深度需距離盆緣約2㎝。若沒有預留空間，澆水時會滿出來。

7 放入植株，在根系與盆器的縫隙之間填入土壤。

8 用挖土棒四處插一下並左右搖晃，讓土壤能夠進入深處。

讓土壤填滿內部的空隙，表面的凹陷處也用土壤補滿。

9 在水中加入稀釋的營養液，並澆入盆中，澆到水從盆底流出的程度。

※營養液可以減輕換盆對植物造成的負擔，讓植物快速恢復。

10 若植株葉片失去平衡、看起來很雜亂的話，可以從莖幹根部剪除，調整植株的形狀。

※莖部的剪除方式請參考P109。

從8號到10號！

【 BASIC PLANTING METHOD 】

基本換盆方法 2 大型觀葉植物

基本上和中型的方法一樣。不過，若盤根嚴重的話，常會無法順暢脫盆。
這裡要教大家一點「脫盆的小技巧」。

材料

植物（高山榕）、盆底網、盆底石、觀葉植物用土、鏟子。

【便利工具】

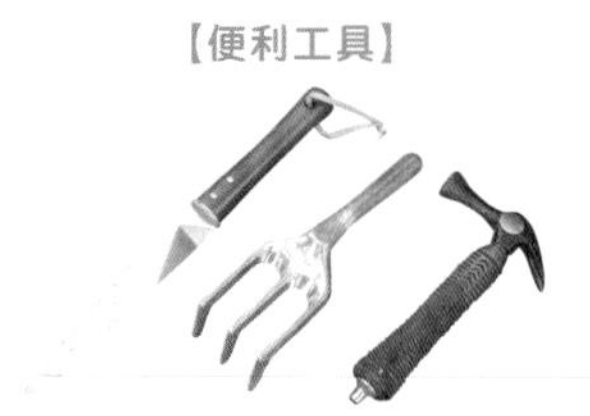

園藝刀、耙子、槌子。

START

1 手部握拳敲打盆緣，讓盆器與根系之間產生空隙，並鬆開糾結的盆狀根系。

2 用上述方法還是無法脫盆的話，可以用園藝刀插入盆器與根系之間，沿著盆器劃一圈。

3 若仍然無法脫盆，再以不會敲破盆器的力氣，用槌子敲打盆緣。這時應該就可以脫盆了。

4 從盆器中拉出來的盆狀根系會像這樣，長出來的根都緊緊纏在一起，導致植物沒辦法吸收水分及養分。

5 用耙子將根系表面的土壤刮除。

6 將一半的根系鬆開即可。

頭重腳輕，平衡感不佳。根部看起來也很緊繃。

7 將盆底網放入新的盆器中蓋住盆底孔，放入盆底石，將盆底孔完全蓋住。

8 將植物暫時放入新盆，確認需要的土壤量。莖幹底部的深度需距離盆緣約2㎝。

9 倒入觀葉植物用土，一邊觀察植物放入盆器中的高度，一邊調節土壤量。

10 將植物放入盆器中，樹幹在正上方，以傾斜的方式調整根部放置的位置。

11 確定根系的位置後，再放入土壤。

12 用挖土棒或竹筷四處插一下並左右搖晃，讓土壤能夠進入深處。

13 表面有凹陷的話，就繼續添加土壤，讓土可以完全填滿盆中。

14 在水中加入稀釋的營養液，並澆入盆中，澆到水從盆底流出的程度。

\ FINISH /

15

切除凌亂的枝葉。

※枝葉的修剪方式請參考P108。

只要「植物特性」與「擺放位置」合適，照顧起來就不困難！

挑選重點在於是否能獨自搬動

大家會以為「照顧大型植物好像很困難」，其實日照和澆水等基本栽培方法都和小型植物一樣。不同的地方在於「植株很高大」、「盆器很大」、「土量多又重，不容易搬動」。考慮到未來的養護，「是否能獨自搬動」將是挑選時的一大重點，購買前也要先計畫好擺放位置。

正因為體型大，才會有存在感，完全就是用於布置的植栽。和房間內的象徵樹一起享受「在家的時光」吧！

擺放位置

購入中型或大型觀葉植物前，先決定擺放的位置，再來挑選植物種類吧！中型和大型觀葉植物和輕巧的小型觀葉植物不同，沒辦法輕易移動。理想的情況是決定好擺放位置，就不要再移動了。確認好日照、通風及是否會碰到空調的風之後，再來挑選適合自家環境的植物吧！

此外，房間的寬廣程度與植物的平衡也很重要。葉片大的植物比較適合在大房間裡，放在小房間內會有壓迫感，容易讓房間看起來更狹小；相反的，葉片細小的植物可以透過葉片間的縫隙看見背景，不會對小房間產生壓迫感。

澆水

春季到夏季時，土壤表面乾燥就可以澆水，澆到水從盆底孔流出的程度。夏季非常會吸水，土壤也乾得快，要多注意缺水的狀況。冬季不太需要水分，可以減少澆水次數。澆太多水會造成爛根，接水盤的積水也要記得倒掉。空氣乾燥時，用噴霧給葉片補水，效果也不錯，還可以預防病蟲害。

土壤表面乾燥的狀態。這裡使用的是輕盈且排水性佳的粒狀培養土。

鋪面

鋪面意即使用園藝資材，覆蓋於盆土表面。不只能防止土壤乾燥，還能營造出設計感。

有樹皮、椰棕絲、麻布等各式各樣的素材。不過，使用鋪面會不容易觀察到土壤的乾燥程度，需要費點心思研究可以馬上看見土壤的鋪面方式，或是經常去確認乾燥的狀況。

單純用麻布自然地在土壤上盤成圓形，看起來就很有品味！

換盆

幫中型或大型觀葉植物「換盆」，有兩個不同的目的。其一是「換到更大的盆器，配合其成長」，其一則是「盆器尺寸不變，維持現在的尺寸」。

植物不只會長高，盆器中的根系也會擴展開來，讓盆器內的空間愈來愈小。這樣一來，植物將無法吸收水分及肥料的養分，這個狀況就稱作「滿盆」。因此，2〜3年就需要換到更大的盆器中。

植物看起來沒什麼精神，根系也從盆底孔竄出時，就是換盆的時機了。建議在生長旺盛的春季到秋季進行，氣溫需在15度以上。冬季是植物的休眠期，要避免在這個時候換盆。

想要讓植物維持在購入時的尺寸，也需要換盆。因為住處的關係，沒有空間讓植物長更大，就要進行枝葉及根系的切除作業。將根系修剪至原本的尺寸再放回盆中，長出新的枝葉和根系時，植物就會恢復精神，並且維持剛買回家的樣貌。

左圖即盤根情形嚴重的樣子。換盆之後，就能輕鬆吸收水分及養分了。

肥料

液態肥料可分為直接使用的類型，以及用水稀釋再使用的類型。可快速產生效果，但是不持久。

放置在土壤表面的粒狀固態肥料，會在澆水時慢慢溶解。效果比較緩慢，但具有持續性。

施肥的時機在4〜9月。肥料可能對根系造成損傷，需特別留意稀釋倍率及施肥次數。

最近，有些人會使用地暖設備讓室內變溫暖，這樣植物也能在冬季繼續成長，這種情況下就可以給予肥料。

放在土壤上，不要接觸到根部。持續期間約1〜2個月。

配合植物狀態調整濃度及使用頻率。

植物與盆器的尺寸

能獨自搬動的盆器，最大約到10號盆。盆器愈大，就需要放入愈多土壤，重量也會因此增加。市面上有很多看起來豪華又輕盈的盆器，像是外觀像陶盆的塑膠盆。

中型＆大型觀葉植物的盆器愈大，土量愈多

植物是影響空間氛圍的重要元素之一。依照房間的風格，挑選樹形、葉片及盆器顏色的過程非常有趣。不過，重量也很重要哦！盆器愈大，需要的土壤量就愈多。需要思考一下，重量維持多少以內，才能無負擔地照顧植物。雖然盆器的厚度及高度也會影響需要的土壤量，不過這邊先以一般盆器為標準來說明。

6號盆
直徑：約18cm
需要的土壤量：2.3ℓ

7號盆
直徑：約21cm
需要的土壤量：3.6ℓ

8號盆
直徑：約24cm
需要的土壤量：5.4ℓ

9號盆
直徑：約27cm
需要的土壤量：7.7ℓ

10號盆
直徑：約30cm
需要的土壤量：10.6ℓ

讓植物一直維持美麗的姿態！

植物是活的，如果不維護保養，枝葉就會任意生長，顯得雜亂；日照不足則會枯萎。
就像人類的頭髮需要整理，植物也需要養護喔！

基本的修剪

有些人可能會覺得植物好不容易長大，而抗拒將成長的枝葉剪除。但是，請大家放心！剪除多餘的枝葉，反而可以促進生長，讓植物更健康。而且，枝葉修剪乾淨後，通風效果會比較好，營養也能輸送到各處，讓整體均衡發展，只有好處沒有壞處。修剪要在4～7月的生長期進行。修剪過後，放在日照充足的環境可以促進生長，比較容易長出健康的新芽。

1 找出混雜的樹枝，切除時保留節點。留下的節點會再長出新芽。

2 修剪過後可以施肥，放在明亮的窗邊或半日照的戶外環境管理。

剪除延展的莖

隨著植株成長，莖條會增加，葉片也會隨之擴展，導致整體失去平衡，看起來像是野生植物。莖條增加時，可以從莖幹根部剪除。修剪1～2根，看起來就會大不相同。葉片枯萎時，也可以用同樣的方式修剪。

1 手捏著多餘的莖條，往前拉倒，會比較容易修剪。

2 在接近根部的地方將莖條剪除。

3 根部剪乾淨後，葉片就可以筆直地往上伸展，看起來更清爽！

讓樹形及尺寸維持原樣

觀葉植物會不斷成長，但是根據住處的情況，有時候會希望植物不要繼續長大。如果快要長到天花板的高度，就不能放任不管了，應該盡量讓其維持在買回來的大小。這時，就需要「修剪根部」。

1 和換盆的時候一樣，將植物從盆中拉出，從土壤表面將根系鬆開。盆狀根系太硬的話，可以用挖土棒或耙子刺進去挖鬆。

2 從下方開始將盆狀根系挖鬆，除去土壤。

3 將一半以上的根系鬆開即可，直接用剪刀將根部剪開也可以。接著，將植物放回原本的盆器中，並像換盆那樣填入新土。

遇到困難時不要慌張！

避免可能發生的狀況 觀葉植物Q&A

購買和栽種植物時，一定會遇到「這種時候要怎麼辦？」的狀況。針對這些疑問，將由園藝專家替各位解答！

園藝專家
堀田裕大先生

在八王子的園藝店「Green Gallery Gardens」擔任店長，負責採購花草、監修園藝雜誌等工作。雜誌內容大多介紹初學者也能簡單製作的盆栽搭配，以及如何選擇可輕鬆照顧的花苗等。

Green Gallery Gardens
https://gg-gardens.com/

選購的問題！

Q.1 購買植物時要注意什麼？

在園藝店購買植物的時候，要選擇葉色濃郁、葉尖漂亮，而且植株強健的植物。除此之外，還要確認一下土壤中有無雜草、發霉或病蟲害等情況，再從中挑選出狀況良好的植栽。

透過網路商店購買的話，不要只看照片就下決定，可以瀏覽一下網站上介紹的栽培方式和照顧方法等等。有必要的話，也可以詢問店家植物的高度以及盆器的尺寸。

Q.2 「日照充足」、「半日照」與「遮蔭處」為何？

首先要想想，房間放得下多大的植物，會不會空間太小等等，想像一下植物實際擺放的樣子。測量地板到天花板的高度，有助於挑選植物的高度。也可以向店員詢問植物未來會長多大。

位置的問題！

Q.3 如何定義「日照充足」、「半日照」、「遮蔭處」？

植物對於日照的感覺和人類一樣。白天不用開燈也能看書的話就是「半日照」；白天不開燈就沒辦法看書即是「遮蔭處」。這些都是在說明擺放位置時常用的詞彙，請多加參考。

Q.4 完全沒有日照的房間就不能栽種植物嗎？

有人會以為只要有照明就能取代陽光，但照明設備和陽光不同，植物會因為沒辦法進行光合作用而枯萎。最近可以在市面上看到性能不錯的家庭用植物生長燈，或許可以試試看！

植物需要陽光照射，可以經常拿到窗邊擺放。

養護的問題！

Q.5 可以擺放在浴室嗎？

有些植物喜歡高溫多濕且有遮蔭的環境，就很適合放在浴室。如果是日照充足且通風良好的浴室，可以放黃金葛、鐵線蕨等。

但是，即使是喜歡濕氣的植物，一直待在悶熱的環境中還是不太好，可能會有發霉的問題。所以洗澡時間之外，要把窗戶打開。沒有窗戶的話，可以用換氣扇讓空氣流通。

冬季最低溫度若降到10度以下，需要把植物移到溫暖的房間中。只有洗澡時把植物帶進浴室，也是個輕鬆享受綠意的方法。

Q.6 如何創造通風良好的環境呢？

通風良好的環境可以調節葉片（尤其是背面）進行光合作用及呼吸的氣孔開闔。在有風與空氣流動的環境中，不僅可以促進光合作用及呼吸，還能調節溫度，促使從根部吸收水分的「蒸散作用」。白天不能開窗的時候，可以利用換氣扇或小型的循環扇，讓植物感覺有風在流動。

Q.7 沒有庭院，如何在室內大量澆水？

如果有陽台的話，可以在陽台大量澆水。

陽光強烈的盛夏，或是室外氣溫降至10度以下的冬季時，則可以將盆器放在浴室或洗手台上方澆水。

中型及大型的觀葉植物不方便移動，澆到水流到接水盤的程度就可以了。不過要注意一點，澆太多水的話，水會溢出接水盤。除此之外，接水盤中的積水若是沒有處理，根部就會過濕而造成爛根，務必要倒掉積水。

Q.8 梅雨季到盛夏的期間，養護時要注意什麼呢？

植物在極端的季節裡，可能因為無法跟上環境變化而枯萎。有些植物種類（如圓葉椒草）在氣溫超過30度時，會進入休眠狀態，不需要水分。這時，確認土壤表面乾燥再澆水即可，不需拘泥於澆水頻率。植物喜歡怎樣的環境，也要好好做功課。

陽光對於光合作用而言是必要的，但是盛夏的強烈日照會造成葉片灼傷。上午10點到下午4點之間，就讓植物到遮蔭處避難吧！如果是放在窗戶附近的通風處，可以用蕾絲窗簾調整光線。

Q.9 冬季在溫度變化大的房內要注意什麼？

冬季常有白天覺得溫暖、晚上卻突然變冷的情況。白天的窗邊有太陽照射，溫度大約在20度，但是晚上的窗邊因為有冷空氣吹進來，氣溫會降到5度以下。一天之中有15度的溫差會讓植物吃不消，溫度差建議控制在10度以內比較好。

白天還是可以放在日照充足的窗邊，晚上則最好移動到房間中央，用塑膠袋或紙箱蓋住，幫植物保溫。

Q.10 澆水的標準為何？

大量澆水後記下盆栽的重量，感覺變輕時就能澆水了，可以像這樣自己抓一下時間點。至於參考水量，4號盆以下大約是1杯水，5～8號盆約為500㎖，9號盆以上就需要1ℓ左右的水。

植物狀態的問題

Q.11 外出和旅行時要注意什麼呢？

經常不在家的話，需擔心澆水的狀況。對應方法是選擇耐乾燥的植物，並使用稍微大一點的盆器。土壤量多，就可以減少澆水的次數。

若是旅行3～4天的程度，可以先多澆一些水，放在遮蔭處，延緩乾燥的速度。

1週以上不在家的話，可以使用市售的自動澆水器，或是在生活百貨商店購買寶特瓶澆花接頭，將寶特瓶插到土裡。

Q.12 大型觀葉植物的盆器太重，無法移動怎麼辦？

最近，市面上出現了輕盈且延展性佳的玻璃纖維及不織布材質的盆器。藉由使用新材質，可以達到輕量化的效果。

想要輕鬆移動的話，推薦使用帶有滾輪的外盆或是盆架。使用帶滾輪的外盆時，由於沒有盆底孔，澆水時最好從外盆中取出。

Q.13 土壤不是「觀葉植物用土」可以嗎？

觀葉植物用的培養土，是仿造熱帶至亞熱帶乾燥地區的觀葉植物棲息環境所製作而成，土質輕盈且排水性佳，不容易發生蟲害等問題，非常適合室內栽培時使用。

多餘的土壤可以在下次換盆的時候使用。直接將袋口封緊，並放在不會淋到雨的地方保存就可以了。

如果有庭院或附近有土地，可以將不需要的土壤撒在外面。若附近沒有土地，請依循居住地的政府法規進行處理。

Q.14 葉片脫落及灼傷時怎麼辦？

季節變化時，植物的健康狀況容易變差。主要原因有「水分不足或是水分過多」，還有「日照不足」。盆內土壤乾了就要澆水，濕了就停止澆水。如果曬不到太陽，可以視情況更換擺放位置。

另外，強烈的日曬讓葉片灼傷時，可以切除變黃及變黑的葉片，並將植物移到避免陽光直曬的位置。

Q.15 已經施肥了，植物卻沒有精神。

施肥過度也會讓植物變衰弱。給予太多肥料，植物會因無法吸收多餘肥料而損傷，或是容易生病、招致蟲害等。並不是給愈多肥料，植物就會長得愈大。

Q.16 如何讓爛根的植物恢復健康？

「土壤一直都不乾」、「植物根部變黑」、「葉片顏色狀況不佳（變色）」、「土壤發霉」等狀況，都有可能是爛根的徵兆。

遇到這樣的狀況，可以將植物輕輕地從土中拔出，除去土壤後，用剪刀將腐爛及變色的根部剪除，再種入新的土壤中。

換盆的時候，要給予少量的水，並放置到明亮且通風良好的散光處，等待其抽出新芽。冒出新芽後，就表示根系已經恢復健康了。後續請將植物移到適合的環境中管理。冒不出新芽的話，就只能放棄了。

蟲害的問題

Q.17 室內有什麼蟲害對策嗎？

擺放位置及植物的狀態等各種原因都可能造成蟲害。觀葉植物容易發生的蟲害有三種。

〈粉介殼蟲〉會吸取植物的樹液，數量多會對植物造成損傷。分泌的透明及白色棉花狀物體會黏在葉片上，促使黴菌以此為營養而開始孳生，猶如黑煤覆蓋在葉片上，稱作「黑煤病」。

〈葉蟎〉成蟲為咖啡色，會寄生在葉片裡吸取樹液。狀況嚴重時，葉片的綠色會消失，並出現網狀白點。

〈粉蝨〉白色的小蟲，搖動葉片會看到牠們在飛舞。狀況嚴重時，和葉蟎一樣會讓葉片的綠色褪色。

預防上述蟲害的方法，就是保持空氣流通，勤勞地進行換氣，並對葉片噴霧，再用布巾擦拭。每天都要進行確認，葉片背面也別忘了哦！

Q.18 發現害蟲要怎麼辦！

發現害蟲的時候，當務之急是使用布巾或牙刷等工具，將害蟲撥下來。

接著，針對害蟲噴灑適用的殺蟲劑。這時要注意一點，千萬不能直接在室內噴灑。使用藥劑的時候，務必將植物搬到室外再進行。

如果植株的葉片、枝幹表面覆蓋了黑煤般的「黑煤病」，也可以噴灑適用的除菌劑。

此外，粉介殼蟲、葉蟎、粉蝨等吸汁性的害蟲體型渺小，繁殖力卻非常旺盛，短時間內就能繁衍出大量的害蟲。因此切記，早期發現及預防，才能將植物的傷害降到最低。

若想讓植物得以健康地長大，關鍵在於養護的方式。可以一天噴1～3次的霧水，並加以擦拭葉片。

Q.19 土壤中有果蠅要怎麼辦？

日照及通風條件不佳時，土壤表面經常會處於濕潤狀態，表面腐敗的有機物質就會成為餌食，容易孳生果蠅幼蟲。直接噴灑殺蟲劑是一般常見的方法。

如果不想使用藥劑的話，可以將部分的土壤挖除，因為果蠅會產卵在盆栽土壤表面。挖除土壤後，再蓋上無機質的赤玉土。為了不讓廢土中的蟲卵孵化，請噴灑殺蟲劑之後再丟棄。

Q.20 土壤發霉了怎麼辦？

觀葉植物用土營養豐富，而且常因澆水而保持在濕潤狀態。在高溫多濕且通風不良的遮蔭處，很容易產生黴菌。黴菌會悄悄孳生，建議將土壤都更換為有機堆肥比例較少的培養土。

若要使用同一個盆器，記得先消毒再使用。若是塑膠盆，可以放入加了水及漂白水的水桶中浸泡；陶盆則先以熱水燙過，再充分晾乾。

殺蟲劑務必在室外使用。

はじめよう！観葉植物
© Shufunotomo Co., Ltd 2022
Originally published in Japan by Shufunotomo Co., Ltd
Translation rights arranged with Shufunotomo Co., Ltd.
Through CREEK & RIVER Co., Ltd.

出　　版／楓葉社文化事業有限公司
地　　址／新北市板橋區信義路163巷3號10樓
郵政劃撥／19907596 楓書坊文化出版社
網　　址／www.maplebook.com.tw
電　　話／02-2957-6096
傳　　真／02-2957-6435
編　　著／主婦之友社
翻　　譯／徐瑜芳
責任編輯／邱凱蓉
內文排版／楊亞容
港澳經銷／泛華發行代理有限公司
定　　價／360元
初版日期／2023年5月

國家圖書館出版品預行編目資料

從種植到擺飾-打造觀葉生活 / 主婦之友社作；徐瑜芳譯. -- 初版. -- 新北市：楓葉社文化事業有限公司, 2023.05　面；　公分

ISBN 978-986-370-532-1（平裝）

1. 觀葉植物 2. 多肉植物 3. 栽培
4. 家庭佈置

435.47　　112004025

從種植到擺飾！
打造觀葉生活

STAFF

裝幀・本文
ohmae-d（高津康二郎、浜田美緒）

攝影
松木 潤、柴田和宣（主婦の友社）、
鈴木江実子（p.22 ～ 25）、安田進

攝影協力
グリーンギャラリーガーデンズ
東京都八王子市松木 15 － 3
☎ 042-676-7115
https://gg-gardens.com/

插畫
村山宇希

監修
杉井志織（p.81 ～ 83）、
堀田裕大（p.96 ～ 113）

取材・文字
伊波裕子（p.10 ～ 33）、
すがもひろみ（p.96 ～ 113）

編輯協力
すがもひろみ（p.38 ～ 57、p.68 ～ 95）

責任編輯
柴﨑悠子（主婦の友社）